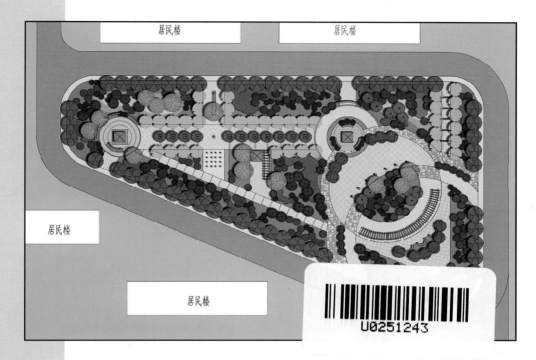

01 休闲广场平面图

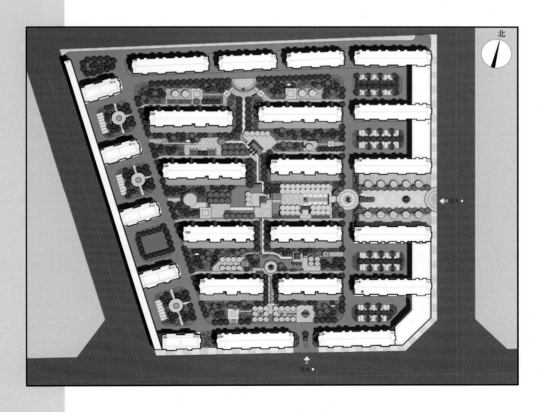

02 小型居住区景观总平面图

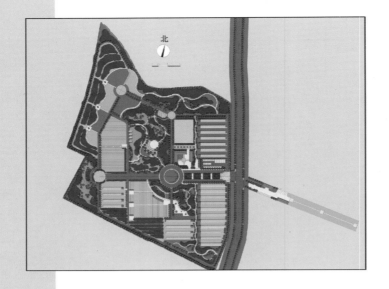

03 大型规划总平面图

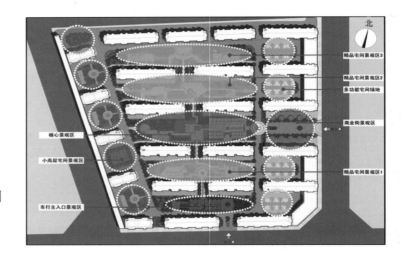

北

精品宅间景观区3

精品宅间景观区2

多功能宅间绿地

商业街景观区

精品宅间景观区1

核心景观区

小高层宅间景观区

车行主入口景观区

04 景观分区图

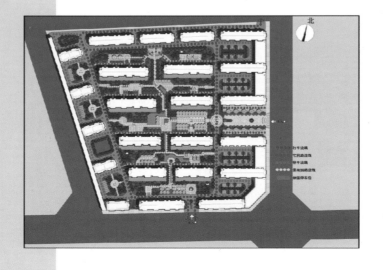

北

05 道路分析图

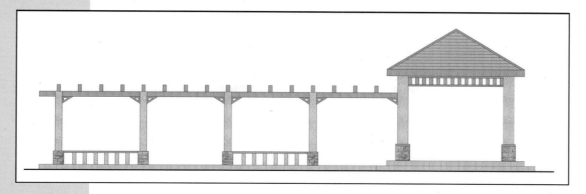

06 建筑立面

07 植物立面图

08 场地立面图

09 居住区透视效果图

10 广场透视效果图

11 居住区小游园鸟瞰效果图

12 文字设计与制作 1

13 文字设计与制作 2

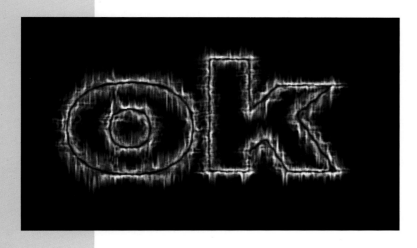

14 文字设计与制作 3

15 文字设计与制作 4

16 文字设计与制作巩固技能训练成图

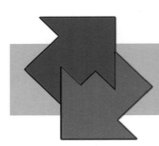

17 标志设计与制作

18 标志设计与制作巩固技能训练成图

19 包装设计与制作

20 包装设计与制作巩固技能训练成图

21 广告设计与制作

22 广告设计与制作巩固技能训练成图

23 封面设计与制作

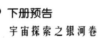

24 封面设计与制作巩固技能训练成图

高职高专教育"十二五"规划建设教材

园林计算机辅助设计之
Photoshop CS5

武　新　于桂芬　主编

中国农业大学出版社

·北京·

内 容 简 介

本教材主要面向广大园林和平面设计工作者,以高职高专学生为主要使用对象。编写过程中以实际工作要求为依托,体现"工学结合"的特点,吸收实际的工作案例,在实际案例中学习软件的操作知识和技巧。教材内容更接近企业行业标准,学生的软件操作技能与企业实际工程实现零距离对接。教材不仅注重让学生掌握 **Photoshop CS**5 软件的知识和操作,同时要让学生掌握相关的行业知识和要求。

图书在版编目(CIP)数据

园林计算机辅助设计之 Photoshop CS5/武新,于桂芬主编. —北京:中国农业大学出版社,2013.7(2017.6 重印)

ISBN 978-7-5655-0743-4

Ⅰ.①园… Ⅱ.①武…②于… Ⅲ.①园林设计-计算机辅助设计-应用软件-高等职业教育-教育 Ⅳ.①TU986.2-39

中国版本图书馆 CIP 数据核字(2012)第 134175 号

书　　名	园林计算机辅助设计之 Photoshop CS5
作　　者	武　新　于桂芬　主编

策划编辑	姚慧敏	责任编辑	冯雪梅
封面设计	郑　川	责任校对	陈　莹　王晓凤
出版发行	中国农业大学出版社		
社　　址	北京市海淀区圆明园西路 2 号	邮政编码	100193
电　　话	发行部 010-62818525,8625	读者服务部	010-62732336
	编辑部 010-62732617,2618	出　版　部	010-62733440
网　　址	http://www.cau.edu.cn/caup	e-mail	cbsszs @ cau.edu.cn
经　　销	新华书店		
印　　刷	涿州市星河印刷有限公司		
版　　次	2013 年 7 月第 1 版　　2017 年 6 月第 3 次印刷		
规　　格	787×1 092　16 开本　14.75 印张　357 千字　彩插 4		
定　　价	32.00 元		

图书如有质量问题本社发行部负责调换

编审人员

主　　编	武　新	辽宁农业职业技术学院
	于桂芬	辽宁农业职业技术学院
副　主　编	孙明阳	辽宁农业职业技术学院
	李　凌	徐州生物工程职业技术学院
	吴艳华	辽宁农业职业技术学院
	王志忠	内蒙古农业大学职业技术学院
参　　编	于真真	潍坊职业学院
	赵茂锦	苏州农业职业技术学院
	孙　铭	吉林农业科技学院
	牟振华	黑龙江生态工程职业学院
	李小梅	黄冈职业技术学院
	尚　存	信阳农林学院
	佟　畅	辽宁沿海开发建设有限公司
企业行业编者	沈黎明	内蒙古赤峰市元宝山区住房和城乡建设局
	陈　雪	鞍山市同舟绿化工程有限公司
主　　审	郝　平	辽宁农业职业技术学院

前　　言

Photoshop CS 是园林计算机辅助设计软件中最重要和最常用的软件之一,利用 Photoshop CS 可以方便快捷地绘制精美的园林平面和立面效果图、各种方案分析图以及各种平面设计图,Photoshop CS 还是景观效果图后期处理的首选软件,是园林专业和环境艺术专业学生必须掌握的技能。

Photoshop CS5 是 Adobe 公司新推出的一款核心产品,与以前的版本相比,使用起来更方便,功能也更强大,是从事设计工作专业人士的理想选择。

编写和出版本书主要遵循以下几个原则:

①实用性原则——针对园林专业和环境艺术设计专业的学习特点,选择和专业相关的案例进行剖析讲解,以用为根本。

②实战性原则——选择的案例分门别类,范围尽量广泛,涉及实际操作的多种要求和成果,范例广而精,保证上手快。

③程序化原则——案例逐层递进,从简入繁,从平面到立面再到效果,遵循景观表现的一般程序,不断提高,以进为目标。

④关联性原则——根据 PS 效果涉及的其他软件知识,尽量拓展内容,比如 AutoCAD、3D MAX、SU 等。

本教材由中国农业大学出版社组织编写并审定,编者主要为高职高专园林专业、环境艺术设计专业的骨干教师,具有多年教授计算机辅助设计及企业实践经验,更有多名行业企业从事一线设计的专家参与,具有较强的实用性和可操作性。由辽宁农业职业技术学院园林系武新、于桂芬担任主编;辽宁农业职业技术学院园林系孙明阳、徐州生物工程职业技术学院李凌、辽宁农业职业技术学院园林系吴艳华、内蒙古农业大学职业技术学院王志忠担任副主编,由潍坊职业学院于真真、苏州农业职业学院赵茂锦、吉林农业科技学院孙铭、黑龙江生态工程职业学院牟振华、黄冈职业技术学院李小梅、信阳农林学院尚存、辽宁沿海开发建设有限公司佟畅担任参编;企业行业编者有内蒙古赤峰市元宝山区住房和城乡建设局工程师沈黎明、鞍山市同舟绿化工程有限公司一线工程技术人员陈雪等。全书由辽宁农业职业技术学院园林系武新统稿。由于时间仓促,编者水平有限,书中难免会有疏漏和不足之处,恳请专家和读者批评指正。

编者

2013 年 2 月

目　　录

第一篇　基础篇

项目 1 认识 Photoshop CS5

Photoshop CS5 是 Adobe 公司推出的一款功能十分强大、使用范围广泛的图像处理软件。与以前的版本相比,Photoshop CS5 不仅能完美地兼容 Vista,更重要的是具有几十个激动人心的全新特性,诸如支持宽屏显示器的新式版面、集 20 多个窗口于一身的 dock、占用面积更小的工具箱、多张照片自动生成全景、灵活的黑白转换、更易调节的选择工具、智能的滤镜、改进的消失点特性、更好的 32 位 HDR 图像支持等。Photoshop CS5 首次开始分为两个版本。标准版适合摄影师以及印刷设计人员使用,扩展版除了包含标准版的功能外还添加了用于创建、编辑 3D 和基于动画内容的突破性工具。平面设计是 Photoshop 应用最为广泛的领域。无论是图书封面,还是各种海报、商标,基本上都需要使用 Photoshop 软件对图像进行处理,Photoshop 软件还是园林设计师绘制各种园林效果图的首选软件。本书主要介绍 Photoshop CS5 标准版的使用。

任务 1 Photoshop CS5 图像知识

学习领域
- 图像的模式和格式;
- 图像的大小和分辨率。

工作领域
- 理解 TGA、JPG、EPS、BMP 和 PSD 格式图像含义;
- 知道 RGB、CMYK 颜色模式应用领域;
- 知道如何设置各种图幅和不同打印要求的图像的分辨率。

行动领域
- 能够合理设置文件的大小和分辨率。

★任务知识讲解

1. 图像的模式与格式

1.1 图像模式

图像的颜色是由各种不同的基色来合成的,这种构成颜色的方式在 Photoshop CS 中称为颜色模式。

1.1.1 位图模式

位图模式是只由黑和白两种像素来表示图像的颜色模式。只有图片在灰度模式或多通道的情况下才可以选择位图模式。这种模式的图片占用地存储空间很小。但是色调过于单一，没有过渡色。所以一般不使用这种模式制图。

1.1.2 灰度模式

灰度模式只有灰度而没有彩色信息，颜色介于黑色(0)和白色(255)之间。一幅图片一旦选择灰度模式后，它的彩色信息将全部丢失，无法恢复。所以。在选择灰度模式的时候一定要慎重。

1.1.3 RGB 颜色模式

RGB 颜色模式是由红(R)、绿(G)、蓝(B)三种颜色按不同的比例混合而成的。因为 RGB 颜色可以显示我们所需要的所有颜色，所以是我们最常用的颜色模式。在制作效果图时，通常在这种颜色模式下制图，以达到各种不同的颜色效果。

1.1.4 CMYK 颜色模式

CMYK 颜色模式是一种印刷色模式。它是由青(cyan)、品红(magenta)、黄(yellow)和黑(black)四种打印色作为基础色，按照减色模式原理混合而成的。由于使用 RGB 颜色模式的图像在打印时会出现颜色偏差，而使用 CMYK 模式会使得部分 Photoshop CS 滤镜功能不能用，因此，绘制效果图时一般使用 RGB 模式，而图像制作完成后，需要进行印刷的时候，则把图像颜色模式改为 CMYK 模式。

图像的模式转换可以在【图像】/【模式】菜单下完成。

1.2 图像格式

图像的格式指的是图像的存储格式。Photoshop CS5 的存储格式很多，而且每一种存储格式都有不同的用处。

1.2.1 PSD 格式

PSD 格式是 Photoshop 的专用存储格式，里面可以保留图层、通道、路径、蒙板等多种操作过程记录，以便于以后对图片进行再修改，而且保存的图片清晰度很高，所以是作图过程中的最佳存储格式。

1.2.2 BMP 格式

BMP 格式是一种位图格式，颜色存储格式有 1 位、4 位、8 位、24 位，因此，文件的保真度非常高，图像可以具有极其丰富的色彩，是一种应用比较广泛的图像格式。它的缺点是不能对文件大小进行有效地压缩，文件容量大，只能单机使用，不受网络欢迎。

1.2.3 EPS 格式

EPS 格式是由 Adobe 公司开发的，多用于印刷软件和绘图程序中。在印刷排版软件中可以以较低的分辨率预览，在打印时则以较高的分辨率输出，因此被广泛地应用于印刷行业。另外，EPS 格式也可以建立起 AutoCAD 和 Photoshop CS5 软件之间的联系。

1.2.4 JPG 格式

JPG 格式支持 RGB、CMYK 及灰度等色彩模式。使用 JPG 格式保存的图像压缩比例很大，使得文件容量很小，在(5~15)：1。该格式文件兼容性很好，可以跨平台操作，所以应用范围很广，在对文件质量要求不高的情况下很实用。

1.2.5　TGA 格式

TGA 格式可以把一个图像以不同的色彩数量进行存储（32 位、24 位、16 位），而且是一种无损压缩的格式，所以在对画面质量要求较高时可以采用该格式输出。TGA 格式最大的优点是可以自动生成一个黑白图像通道，给图像选取提供了很大方便，是 3D MAX 渲染园林效果图纸时一个比较常见的存储模式。

另外 Photoshop CS5 还提供了 *.gif、*.tif 等多种文件格式，用户可以根据需要选择合适的格式存储文件。除了 psd 文件格式外，用其他的格式保存文件时，会打开一个相应的参数设置对话框，一般保持默认设置即可。

2. 图像的大小和分辨率

对于效果图来说，分辨率决定了图像的精细程度，下面我们介绍几个和分辨率有关的概念。

2.1　像素

在位图图像中，点组成线，线组成面，所以一幅位图就是由无数点组成的，组成图像的一个点就是一个像素。它是构成位图图像的最小单位。

2.2　屏幕分辨率

屏幕分辨率又叫显示器分辨率，是指电脑屏幕的显示精度，是由显卡和显示器共同决定的。如屏幕分辨率为 1 024×768，表示显示器分成 768 行，每行 1 024 个像素，整个显示屏就有 786 432 个显像点。屏幕分辨率越高，显示的图像质量也就越高。

2.3　打印分辨率

打印分辨率代表着打印机设备打印时的精细程度，是由打印机的品质决定的。一般以打印出来的图纸上单位长度的墨点多少来反映。例如我们说某台打印机的分辨率为 600 dpi，则表示用该打印机输出图像时，每英寸打印纸上可以打印出 3 600 个表征图像输出效果的墨点。打印分辨率越高，意味着打印的喷墨点越精细，表现在打印出的图纸上，直线更挺，斜线的锯齿也更小，色彩也更加流畅。

2.4　图像的输出分辨率

图像的输出分辨率是与打印分辨率、屏幕分辨率无关的另一个概念。它与一个图像自身所包含的像素的数量（图形文件的数据尺寸）以及要求输出的图幅大小有关，一般以水平方向或垂直方向上的单位长度中像素数值来反映，单位为 ppi 或 ppc。如 500 ppi、65 ppc 等。

举例说明：在 3D MAX 中按照 3 400 像素×2 465 像素（水平方向×垂直方向）渲染得到的一幅图形文件，其数据尺寸为 3 400 像素×2 465 像素，如果按照 A4 图幅输出，其图像输出分辨率可达 290 ppi；如果按照 A2 图幅输出，其图像输出分辨率则为 145 ppi。

反过来，如果要求输出分辨率达到 150 ppi 以上，图幅大小要求为 A4 时，图像文件的数据尺寸应该达到 1 654 像素×1 235 像素；图幅大小要求为 A2 时，图像文件的数据尺寸应达到 3 526 像素×2 481 像素以上。计算公式为：输出分辨率×图幅大小（宽或高）＝图像文件的数据尺寸（对应的宽或高）。

由此可见，随着输出分辨率的提高，图像文件的数据尺寸也会相应增大，给电脑中的运算和文件存储增加了负担。因此，应当选择合适的输出分辨率，而不是输出分辨率越高越好。

一般来说,打印精度为 600 dpi 的喷墨打印机,图像的输出分辨率达到 100 ppi 时,人眼已无法辨别精度了。打印机精度为 720 dpi 或 1 440 dpi 时,图像的输出分辨率达到 150 ppi 也足够了。另外,图幅过大(如 A0)以上或过小(如 B5 以下)时,由于人的观看距离的变化和人眼的视觉感受的调整,图像的输出分辨率也可相应降低。但是,对于打印精度非常高的精美印刷排版而言,一般都要求图像的输出分辨率达到 300 ppi 以上。

任务2   Photoshop CS5 工作界面认识

学习领域
- Photoshop CS5 的启动与退出方法;
- Photoshop CS5 工作界面。

工作领域
- 熟悉 Photoshop CS5 工作界面;
- 熟悉 Photoshop CS5 标题栏内容;
- 熟悉 Photoshop CS5 工具箱内容;
- 熟悉 Photoshop CS5 命令面板内容。

行动领域
- 菜单栏、控制面板、工具箱、工具属性栏的使用。

★任务知识讲解

1. Photoshop CS5 启动与退出

1.1   启动

启动 Photoshop CS 一般有两种方法:

①用鼠标双击桌面上 Photoshop CS 的快捷方式图标**PS**。

②执行【开始】/【程序】/【Photoshop CS】菜单命令启动程序。如图 1-2-1 所示。

1.2   退出

退出 Photoshop CS5 一般有三种方法:

①用鼠标单击 Photoshop CS5 软件界面右上角的"关闭"按钮**⊠**。

②在 Photoshop CS5 的菜单栏中选择【文件】/【退出】命令。

③按<Alt+F4>键。

2. Photoshop CS5 界面认识

单击图标**PS**启动 Photoshop CS5 后,打开"配套光盘/素材文件夹/基础篇/项目一"中的"瀑布.jpg"图像文件,Photoshop CS5 的工作界面如图 1-2-2 所示。

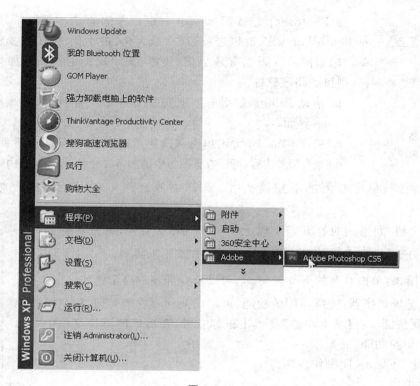

图 1-2-1

图 1-2-2　Photoshop CS5 界面

2.1　标题栏

Photoshop CS5 标题栏上新增了一些应用程序,可以更方便地对图像进行编辑(图 1-2-3)。

图 1-2-3　标题栏

图 1-2-4　查看额外内容

a. Photoshop CS5 图标：单击标题栏左侧的 CS5 图标，可以弹出一个对 Photoshop CS5 窗口进行还原、最大化、最小化、关闭等操作的快捷菜单。标题栏最右侧也有最小化、还原、关闭操作的按钮。如果双击该图标，则可关闭该软件。

b. 启动 Bridge：如果电脑上安装了 Bridge 插件，单击该按钮则可进入 Bridge 界面。

c. 启动 Mini Bridge：单击该按钮可进入 Mini Bridge 界面。

d. 查看额外内容：可以查看图像中的参考线、网格和标尺等内容（图 1-2-4）。

e. 缩放级别：单击右侧的下拉箭头 ▼，选择缩放比例可以对图像进行对应比例的缩放。

f. 排列文档：如果同时打开两个以上的 Photoshop 文件，单击右侧的下拉箭头 ▼，选择排列方式，图像可以同时显示，并按要求排列。

g. 屏幕模式：单击右侧的下拉箭头 ▼，可以选择屏幕的显示模式。

h. 工作场景切换器：选择不同的功能，可以切换到对应的界面，用户操作起来更方便快捷。在【基本功能】处单击鼠标右键，在出现的下拉菜单中也可以完成"切换功能"的操作。

i. 最小化、还原、关闭操作按钮。

2.2　菜单栏

菜单栏中包含了【文件】、【编辑】、【图像】等 11 个菜单项，用户可以根据需要通过菜单项下的菜单命令完成对图像的各种操作及设置。其中 Photoshop CS5 新增了一个【3D】菜单。该菜单包含的是用于处理和合并现有的 3D 对象、创建新的 3D 对象、编辑和创建 3D 纹理及组合 3D 对象与 2D 图像的命令。

2.3　工具箱

Photoshop CS5 对工具箱进行了改进，可以单行显示，占用屏幕的空间更小，如果不习惯，还可以单击工具箱上部的 ⮜⮜ ，将其变为双行显示模式。工具箱中包含了各种常用的工具，单击工具按钮就可以进行相应的操作。如果工具图标的右下角有一个小三角号，则表明该项目中还有隐藏的工具，在该图标上按下鼠标左键不放，或单击鼠标右键，即可出现隐藏工具（图 1-2-5）。

a. 选择工具

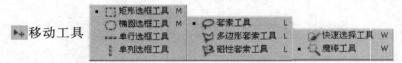

b. 裁剪和切片工具

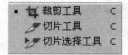

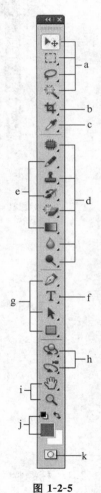

图 1-2-5

c. 注释和测量工具

- 吸管工具　　　　I
- 颜色取样器工具　I
- 标尺工具　　　　I
- 注释工具　　　　I
- 计数工具　　　　I

d. 修饰类工具

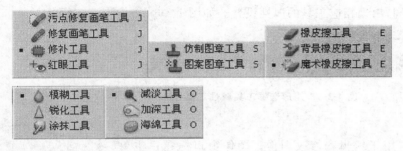

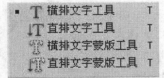

e. 绘画工具

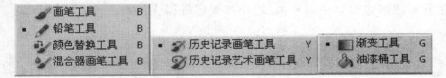

f. 文字工具

- 横排文字工具　　　T
- 直排文字工具　　　T
- 横排文字蒙版工具　T
- 直排文字蒙版工具　T

g. 绘图工具

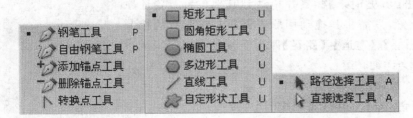

h. 3D 工具

i. 视图控制工具

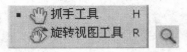

j. 前景色、背景色控制

k. 标准模式与快速蒙版模式转换

2.4　工具属性栏

随着选取工具的不同,出现相应工具的属性设置。如图 1-2-6 所示,当选取钢笔工具 时出现的对应的工具属性栏。

图 1-2-6　矩形选框工具属性工具栏

2.5　绘图区

即图像显示的区域,用于编辑和修改图像。图像窗口标题栏主要显示了该图像的名称、格式、图像显示比例以及图像的色彩模式等信息。标题栏右侧还有对该图像窗口进行放大、缩小和关闭等操作的按钮(图 1-2-7)。

图 1-2-7　图像窗口标题栏

2.6　控制面板组

控制面板是 Photoshop CS5 界面中的一个非常重要的部分,其作用是帮助用户编辑和处理图像。控制面板可以通过【窗口】菜单进行设置(图 1-2-8)。默认状态下,控制面板以组的方式堆叠在一起。也可根据需要将它们进行任意分离、移动与组合。例如,要使【历史记录】脱离原来面板独立出来,可单击【历史记录】标签并拖动到其他位置。要还原【历史记录】调板至原位置,只需将其拖动回原来调板。在所有的控制面板中,【历史记录】、【图层】、【通道】、【路径】四个面板是我们使用最频繁的。在后面的项目中会详细介绍。

2.7　状态栏

状态栏位于窗口最底,其主要功能作用如图 1-2-9 所示。

显示比例　　　图像文件的大小

图 1-2-9　状态栏

图 1-2-8　窗口菜单

任务 3　文件基本操作

学习领域

　　● 新建文件的操作；

　　● 保存文件的操作；

　　● 打开文件的操作；

　　● 关闭文件的操作。

工作领域

　　● 能根据要求创建合适的文件；

　　● 能打开、保存、关闭指定文件。

行动领域

　　● 创建合适大小、模式的图像文件。

★任务知识讲解

Photoshop CS 文件操作包括新建文件、保存文件、打开文件、关闭文件等。

1. 新建文件

新建文件的方法常用的有三种：

①在菜单栏下选择【文件】/【新建】命令。

②按住＜Ctrl＞键，双击 Photoshop CS 操作空间的空白处，可以直接打开【新建】对话框。

③同时按住＜Ctrl＋N＞键。

在打开【新建】对话框(图 1-3-1)中设置文件名、宽度、高度、分辨率、颜色模式、背景颜色等属性。点击其后的小三角号，可以选择需要的计量单位。

2. 保存文件

2.1　存储

保存文件的方法常用的有两种：

①在菜单栏下选择【文件】/【存储】命令。

②同时按住＜Ctrl＋S＞键。

如果是第一次保存文件，可以打开如图 1-3-2 所示的【存储为】对话框，按下格式后面的小三角，会出现图片的各种格式类型，选择想要的格式即可。但以后再对该文件保存时，将不会再出现对话框，系统会以首次设置的文件名、文件格式和存储路径对图像文件进行保存。

图 1-3-1

图 1-3-2

2.2 存储为

在菜单栏下选择【文件】/【存储为】命令,可以改变图像的格式、名称、路径来保存图像,并且新存储的文件会成为当前执行文件。

3. 关闭文件

关闭文件的方法常用的有三种:

①在菜单栏下选择【文件】/【关闭】命令。注意不是【退出】命令,【退出】会关闭整个 Photoshop CS 系统。

②直接单击图像窗口右上角的关闭图标 ✕。注意不要点击 Photoshop CS 系统标题栏上 ✕,否则会退出 Photoshop CS 系统。

③同时按住<Ctrl+W>键。

4. 打开文件

打开文件的方法常用的有三种:

①在菜单栏下选择【文件】/【打开】命令。

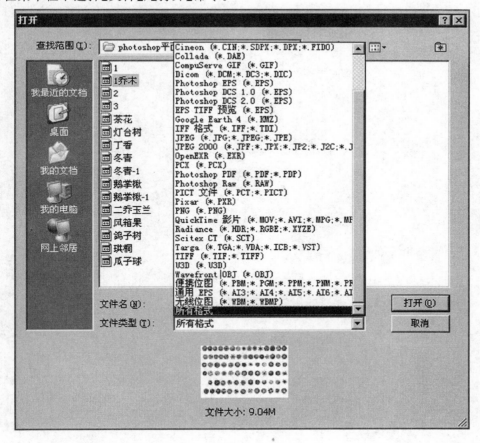

图 1-3-3

②按住＜Ctrl＞键，双击 Photoshop CS5 操作空间的空白处，可以直接打开【新建】对话框。

③同时按住＜Ctrl＋O＞键。

在打开的【打开】对话框（图 1-3-3）中，通过"查找范围"右边的下拉按钮可以选择要打开的文件的路径；"文件名"后面可以直接输入要打开的文件名称；单击"文件类型"后面的小三角号可以选择要打开文件的类型，以便更快捷的选择文件。

有一些用【打开】命令无法辨认的文件，如以错误格式保存的文件，可以尝试使用【打开为】命令打开。

项目 2　Photoshop CS5 常用工具应用

任务 1　选择类工具及其应用

学习领域

- 选框工具、套索工具、魔棒工具、颜色范围建立选区的方法；
- 利用图层命令面板建立选区的方法；
- 选区的编辑方法。

工作领域

- 能够根据实际情况综合应用各种方法建立选区；
- 能够根据作图要求编辑选区。

行动领域

- 根据工作要求建立选区；
- 根据工作要求编辑选区。

★任务知识讲解

在使用 Photoshop CS 软件对图像进行绘制和修改时，需要指定区域，这便是创建选区。Photoshop CS 提供了许多创建选区的方法，下面我们将介绍常见的几种方法：

1. 选框工具(快捷键:M)

1.1　建立选区的方法

单击工具箱中的图标 ▢ 不放，会出现选框工具组：分别为"矩形选框工具" ▢ :可以用鼠标在图层上拖出矩形选框；"椭圆选框工具" ◯ :可以用鼠标在图层上拖出椭圆选框；"单行选框工具" ▬ 和"单列选框工具" ▮ :在图层上拖出 1 像素宽(或高)的选框。

重复按<Shift＋M>键可以在 ▢ 和 ◯ 工具间进行切换。

选择 ▢ 或 ◯ 工具，可以以鼠标单击处为起点，建立矩形或椭圆形选区；按下<Alt>键的同时选择 ▢ 或 ◯ 可以以鼠标单击处为中心建立矩形或椭圆选区；按<Shif>键的同时选择 ▢ 或 ◯ ，可以以鼠标单击处为起点，建立正方形或圆形选区；同时按下<Shif>和<Alt>，选择

或 ◯ ,可以以鼠标单击处为中心建立正方形或圆形选区。

1.2 选框工具的属性栏

矩形选框工具属性栏(图 2-1-1)。

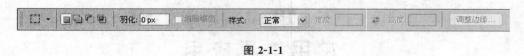

图 2-1-1

把光标放在选项栏各项上稍作停留,就会自动显示出该项功能的简短解释。

新选区 □ :建立新的选择区域,如果创建前图上已有选择区域,则选区自动消失。

添加到选区 □ :建立一个新选区,如果创建前图上已有选择区域,则新旧选区合并成一个选择区域。

从选区减去 □ :建立一个新选区,如果创建前图上已有选择区域,则从原来的旧选区减去新的选区。

与选区交叉 □ :建立一个新选区,如果创建前图上已有选择区域,则取新旧选区相交的部分为选择区域。

羽化:可以消除选择区域的正常硬边界,使区域产生一个过渡段。其取值范围在 0~255 像素之间。羽化值越大,则选区的边缘越模糊。如图 2-1-2 所示。

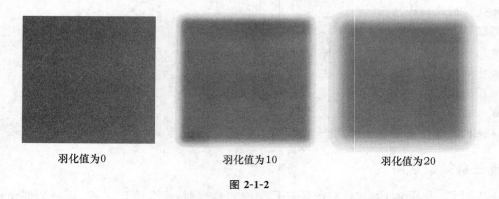

羽化值为0   羽化值为10   羽化值为20

图 2-1-2

消除锯齿:勾选此选项后,可以通过淡化边缘的方式来产生与背景颜色之间的过渡,从而得到边缘比较平滑的图像。此选项只能在椭圆选框中才能用。如图 2-1-3 所示。

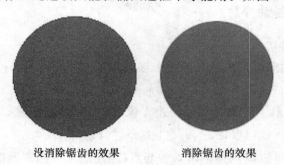

没消除锯齿的效果   消除锯齿的效果

图 2-1-3

样式：

"正常"：可任意选出一个区域；

"固定长宽比"：可根据事先确定的宽度和高度比例选定一个区域；

"固定大小"：选择此项可以根据需要设置固定的宽度和高度，在绘图区只需单击鼠标就能得到大小一定的选择框。

Photoshop CS5 新增了【调整边缘】功能。新建一个文件，建立矩形选区后，【调整边缘】功能处于可选状态。单击【调整边缘】，出现如图 2-1-4 所示对话框。

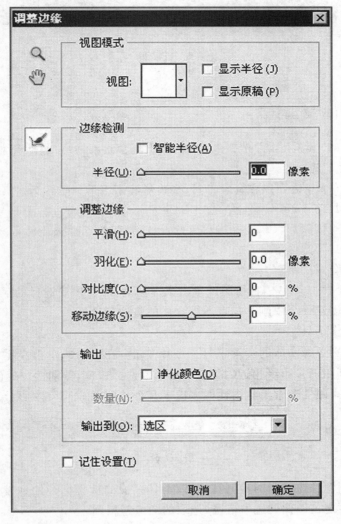

图 2-1-4　调整边缘对话框

调整半径为"20"，填充矩形选框，效果如图 2-1-5a 所示，调整平滑值为"100"，填充矩形选框，效果如图 2-1-5b 所示。

椭圆形选框工具属性栏与矩形选框工具属性栏相似。

a   b

图 2-1-5

2. 套索工具(快捷键:L)

单击工具箱中的"套索工具"按钮 不放,会出现套索工具组,包括套索工具、多边形套索工具 和磁性套索工具 。

重复按<Shift+L>键可以在套索工具、多边形套索工具和磁性套索工具之间进行切换。

2.1 "套索工具"

多用于选择不规则图形。单击并拖动鼠标,返回到起始点时松开鼠标,会获得一个由光标所经过路线围成的封闭选区。

2.2 "多边形套索工具"

选择"多边形套索工具" ,在绘图区单击鼠标左键,沿着想要选择的区域点击左键,直到回到顶点,,这时会创建一个由刚才描点所围合成的多边形选区。

2.3 "磁性套索工具"

是一种具有识别边缘功能的套索工具。选择 后,在绘图区单击左键,并沿图像的边缘移动光标,光标会利用图像边缘相近的颜色自动选取选区边框,特别适合颜色对比比较大且边缘比较复杂的图片。磁性套索工具属性栏多出了几个选项,如图 2-1-6 所示。

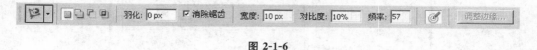

图 2-1-6

"宽度":指检测图像边缘时的检测宽度,该工具只检测从光标开始到设置范围内的边缘,宽度值越大,越方便定位图像的选取范围,选取的图像越精细。

"对比度":指图像边缘颜色的对比度,对比度越高,选取的图像就越精细。

"频率":使用磁性套索时节点的密度,频率越高、节点越密,图像的选区也就越精细。

3. 魔棒工具(快捷键:W)

单击工具箱中的"魔棒工具" ,在图像中选择一处单击鼠标左键,就可以创建与单击处颜色相同或相近的区域作为选区,颜色的范围可以在属性栏【容差】中设置,如图 2-1-7 所示。

图 2-1-7

"容差"：选取图像颜色差别的限制数据。可输入 0～255 的数字，输入的数字越大，可选取的区域范围越广。

"消除锯齿"：可以消除所选取的选框的锯齿。

"连续的"：选中后只能选取图像中与单击点相连接的相似颜色区域。如图 2-1-8 所示。

图 2-1-8

注：图 2-1-8 中 a 图为原图，选择"魔棒工具" ，勾选"连续的"，在图中白色的区域点选，再执行【选择】/【反选】命令，将选中的区域拖动到新文件中，得到 b 图，我们可以看到树木周围的白色背景都被去掉了，但树木中心没有与外围连接的部分的白色背景没有去掉。去掉"连续的"，同样执行上述步骤，得到 c 图。树木中心的白色背景也同样去掉了。

"对所有图层取样"：选中后将使用于所有可见图层，否则只能在当前图层中应用。

4. 色彩范围

执行【选择】/【色彩范围】命令，弹出如图 2-1-9 所示的对话框。a 为选择范围模式下的色彩范围对话框，b 为图像模式下的对话框。按下＜Ctrl＞键可在两种模式下互相切换。

a   b

图 2-1-9

"选择"右侧的黑三角形 ▼：单击可在弹出的下拉菜单内选择一种选取颜色范围的方式。

"取样颜色"：可以用吸管在图像窗口或颜色范围预览窗口中进行颜色的取样。

"颜色容差"：通过滑杆可以调整颜色选取范围，值越大，所包含的近似颜色越多，选取的范围越大。"颜色容差"可以配合"取样颜色"进行设置。

"吸管工具" ✐：只能进行一次颜色的吸取，当进行第二次颜色吸取时，第一次确定的颜色选区将被取消。

"添加到取样" ✐：表示在图像中可以进行多处选取，增加选取范围。

"从取样中减去" ✐：表示在已有的选择范围内，通过颜色去掉多选的区域。

"反相"复选框，可以在选取范围与非选取范围之间切换。功能与【选择】/【反向】命令相似。

"载入"与"存储"按钮：可以用来载入和保存【色彩范围】对话框中的设定。

5. 加载图层选区

这是一种基于图层选择选区的方法。打开图层面板，将要选择的图像所在图层设为当前工作图层（图层较多时，可在移动命令 ➤ 下，在所选图像上单击鼠标右键，则在下拉菜单的最上面图层即为所选图像图层）按住<Ctrl>键，用鼠标单击该图层，则该图层有像素的范围全部选中并创建为选区加载到绘图区。

6. 选区的编辑

6.1　变换选区

对图像进行选取以后，还可以通过【选择】/【变换选区】命令来调整选择区域。执行该命令后，选择区域的边框会出现八个节点，（图 2-1-10a）利用这些节点，可以对选择区域进行移动、旋转、放大、缩小和变形等操作（图 2-1-10b）。

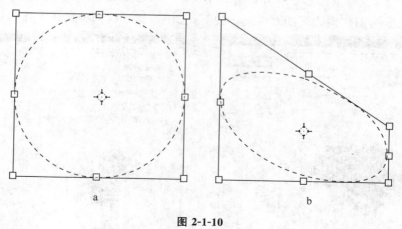

图 2-1-10

移动：将光标放在边框内，当光标以黑箭头的形式出现时，拖动鼠标即可移动选区。

放大缩小：将光标放在边框上的节点处，当鼠标变成相对的双向箭头时 ↗，拖动鼠标可实现选区的放大缩小操作。

旋转:光标放在框外,当光标变为弯曲的双向箭头时 ↻,拖动鼠标即可实现选区旋转。

变形:光标放于边框内右击,在出现的快捷菜单中选择其中一项,拖动边框上的节点,可实现选区的变形操作。

6.2　修改选区

主要是用来修改已经编辑好的选择区域。

羽化:在处理图像时,有时需要将一些元素进行羽化处理,例如近实远虚的草地和树木的枝叶在草地上的投影等。快捷键<Alt＋Ctrl＋D>。

边界:在原有选择区域的基础上,用一个包围选择区域的边框来代替原选择区域,但只能对边框区进行修改。

平滑:使选择区域范围达到一种连续而且平滑的选取效果,通过在选取区域边缘上增加或减少像素来改变边缘的粗糙程度。

扩展:可以将当前选择区域向外扩展。

收缩:与扩展命令的功能相反,使用该命令可以将当前选择区域向内收缩。

创建选区后,若要扩展选区,将包含具有相似颜色的区域扩展进来,可以使用"选择"菜单中的"扩大选取"或"选取相似"命令。

"扩大选取":利用该命令可以将原有的选择区域向外扩大。

"选取相似":使用该命令同样可以将选择区域扩展。此命令所扩展的范围与"扩展"命令不同,它是将图像中相互不连续但色彩相近的像素一起扩充到选择区域内。并不仅仅是相邻区域。

"扩大选取"和"选取相似"命令颜色的近似程度是由"魔棒工具"选项中的容差值所决定的。

6.3　选区的存储和载入

对于一些比较精细,并且在以后的操作中可能还会应用到的选择区域,可以把选区存储起来,用时再用"载入选区"命令加载到绘图区。

"存储选区":选区创建完成后,执行【选择】/【存储选区】命令,即可完成选区存储任务。

"载入选区":当我们保存完选择区域后需要使用选区时,可以通过【选择】/【载入选区】命令来载入选择区域。

6.4　选区的取消和隐藏

"取消选区":选区使用完毕后,要取消选区可以使用快捷键<Ctrl＋D>。

"隐藏选区":快捷键<Ctrl＋H>可以将选择区域出现的蚂蚁线隐藏,再次按<Ctrl＋H>,则被隐藏的蚂蚁线又会出现。值得注意的是<Ctrl＋H>只是将选区隐藏了,选区并没有消失,若要取消选区,则需要按<Ctrl＋D>键。

任务2　修饰类工具

学习领域

●加深、减淡工具的使用方法;

● 仿制图章工具的使用方法；
● 橡皮擦工具的使用方法。

工作领域
● 利用加深、减淡工具表现图像局部变亮和变暗的效果；
● 利用仿制图章工具修补图像；
● 利用橡皮擦工具去除图像。

行动领域
● 利用修饰类工具处理和编辑图像。

★任务知识讲解

1. 加深和减淡工具(快捷键:O)

加深和减淡工具用来表现图像局部变亮(减淡)和变暗(加深)的效果。如草坪起伏、水面或建筑的受光面和背光面等。

打开光盘中"素材"文件夹下的"树池.psd"(图 2-2-1a),将"树池"图层作为当前图层,选择工具条上的加深工具 ,在图片上的背光部分涂抹;再选择减淡工具 ,在图像的受光部分涂抹,以增加图像的光感层次,使画面的色彩感更强(图 2-2-1b)。

a　　　　　　　　　　　　　　　　b

图 2-2-1　加深减淡工具效果

2. 仿制图章工具(快捷键:S)

仿制图章工具一般用于去除图像中的缺陷。单击工具箱中的仿制图章工具按钮 ,选择仿制图章工具,按住<Alt>键的同时,在图像需要的位置单击取样,然后放开<Alt>键,在有缺陷需要修改的位置涂抹,这样就可将取样处的图像通过涂抹的方式复制到需要的位置(图 2-2-2)。

3. 橡皮擦工具(快捷键:E)

橡皮擦工具包括普通橡皮擦、背景橡皮擦和魔术橡皮擦。

3.1　普通橡皮擦

普通橡皮擦擦除图片时,擦除的部分显示的是背景颜色。普通橡皮擦可以调整大小和硬

a.取样   b.涂抹   c.完成

图 2-2-2

度,硬度为 100 时,效果如图 2-2-3 图像左侧所示;硬度为 0 时,效果如图 2-2-3 图像右侧所示。

3.2 魔术橡皮擦

魔术橡皮擦擦除图片时,相近的颜色区域均被选中擦除,背景图层转换为 0 图层,擦除的部分则显示为透明,如图 2-2-4 所示。

图 2-2-3 普通橡皮擦效果

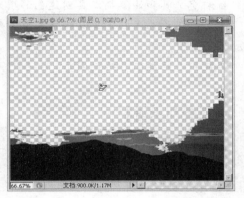

图 2-2-4 魔术橡皮擦效果

3.3 背景橡皮擦

背景橡皮擦擦除图片时,背景图层也会转换为 0 图层,擦除的部分为透明,如设置橡皮擦间距大于 100%时(图 2-2-5a),还会出现跳跃式擦除效果(图 2-2-5b)。

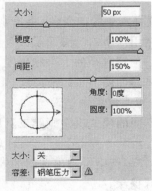

a

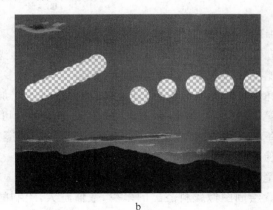

b

图 2-2-5 背景橡皮擦效果

任务3　绘画类工具

学习领域

- 画笔工具的操作方法；
- 渐变工具和油漆桶工具的操作方法；
- 历史记录画笔工具和历史记录艺术画笔工具的操作方法。

工作领域

- 画笔工具绘制图像；
- 渐变工具和油漆桶工具创建色彩填充效果；
- 历史记录艺术画笔工具制作图像特殊效果。

行动领域

- 应用绘画类工具绘制图形。

★任务知识讲解

1. 画笔工具(快捷键:B)

"画笔工具"组包括"画笔工具"、"铅笔工具"、"颜色替换工具"和"混合器画笔工具"四个选项。选择"画笔工具"或"铅笔工具"可以看到工具属性栏,如图 2-3-1 所示。

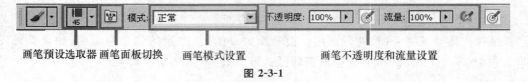

画笔预设选取器　画笔面板切换　画笔模式设置　　　画笔不透明度和流量设置

图 2-3-1

"画笔工具"的工作原理与手绘用的画笔相似,只要设置好需要的前景色,将笔刷的大小、形状、压力等进行设置后,就可以在画面中拖拽鼠标光标绘制用户所需的图像了。

画笔预设选取器:单击此选项可以设置画笔的多种形状,画笔直径的大小和硬度。单击面板左上角的小三角号,还可以新建预设画笔,也可以加载画笔。如图 2-3-2 所示。

画笔面板切换:单击按钮 🖼,弹出"画笔"面板,可以进行更丰富的画笔设置。

画笔模式设置:单击此选项可以选择不同的画笔模式,不同的模式决定画笔工具以何种方式对图像中的像素产生影响。

画笔不透明度和流量设置:不透明度用于设置画笔工具在画面中绘制出透明的效果;流量用于设置绘制图像颜料溢出的多少,数值越大,绘制的颜色就越深。

2. 渐变和油漆桶工具(快捷键:G)

这一组工具包括油漆桶工具 🖍 和渐变工具 ■。

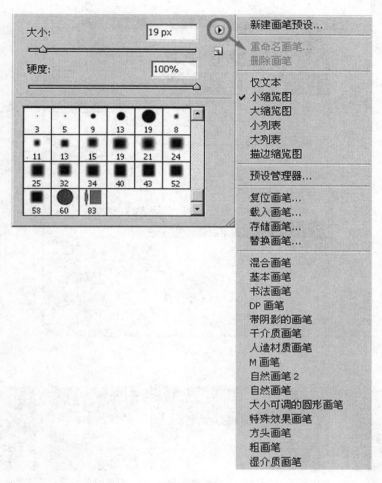

图 2-3-2

2.1　渐变工具

选择渐变工具后,可以看到如图 2-3-3 所示工具属性栏。

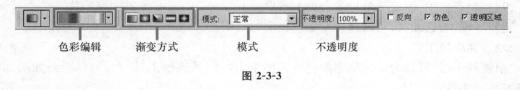

色彩编辑　　　　渐变方式　　　　模式　　　　不透明度

图 2-3-3

色彩编辑:单击色彩编辑可以弹出【渐变编辑器】对话框(图 2-3-4),用于设置不同的渐变色彩。单击颜色控制条的下侧,可以添加更多参与渐变的颜色图标▉,颜色控制条的上侧可以添加控制不透明度的图标▉。不管是颜色图标还是不透明度图标,只要按住该图标,拖拽使其远离颜色控制条就可将其删除。

渐变方式:此选项可以控制渐变的产生样式,如图 2-3-5 所示。

模式:进行渐变填充时的色彩混合模式。

不透明度:用于设置渐变填充时的透明程度。

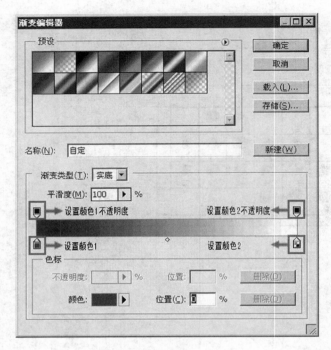

图 2-3-4

线性渐变：　　径向渐变：　　角度渐变：　　对称渐变：　　菱形渐变：

图 2-3-5

反向：勾选此项，所得到的渐变色的方向与设置的渐变色的方向相反。

仿色：勾选此项，渐变效果过渡会更加平顺。

透明区域：勾选此项，可以保持渐变设置中的透明度。

2.2　油漆桶工具

"油漆桶工具"可以为选区填充颜色或者图案，选择"油漆桶工具"后，可以看到如图 2-3-6 所示工具属性栏。

填充内容　图案　图案拾色器

图 2-3-6

填充内容：使用前景色或者图案来进行填充。

图案拾色器：当填充内容选择图案时可用，可以选择不同的图案。

模式:用于设置填充区域的色彩混合模式。

不透明度:用于设置颜色或图案的透明程度。

容差:用于设置与单击处颜色相近的程度。

3. 历史记录画笔工具(快捷键:Y)

历史记录画笔组包括历史记录画笔 和历史记录艺术画笔" 两种工具。

3.1 历史记录画笔

历史记录画笔的主要作用是使图像恢复到最近保存或打开的原来面貌。

打开配套光盘/基础篇/项目 2/素材文件夹中的"树木素材 .jpg"文件,先使用"画笔"工具对图片进行修改,再选择"历史记录画笔"工具对图片涂抹,并对比修复完成后的图像和打开的原始图像效果。如图 2-3-7 所示。

画笔工具绘制图案　　　　历史记录画笔工具涂抹　　　　恢复完成后的效果

图 2-3-7

3.2 历史记录艺术画笔

历史记录艺术画笔工具的使用方法与历史记录画笔工具基本相同,但历史记录艺术画笔工具对图像涂抹后,会形成一种特殊的艺术笔触效果。

打开树木素材 .jpg 文件,选择历史记录艺术画笔工具,设置画笔直径大小为 3 px,样式为"绷紧短",涂抹图像后的效果如图 2-3-8 所示。

a.原图　　　　　　　　　　b.历史记录艺术画笔工具涂抹后效果

图 2-3-8

★任务操作

（1）打开配套光盘/基础篇/项目 2/素材文件夹中的"图线树木平面图．psd"文件。点击工具箱中的矩形选框工具 ⬚，在"图线树木平面图．psd"文件中选择一个树木图例（图 2-3-9）。

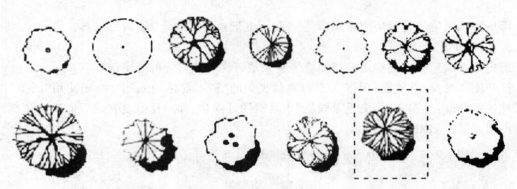

图 2-3-9

（2）选择菜单栏上的【编辑】/【定义画笔预设】命令，弹出【画笔名称】对话框（图 2-3-10）单击"确定"按钮，则此树木图例就被添加到"画笔预设选取器"中了。

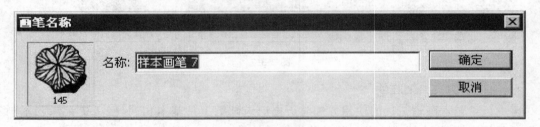

图 2-3-10

（3）新建一个"宽度 20 厘米，高度 10 厘米，分辨率大小为 150 像素/英寸"的文件，单击工具箱中的画笔工具，在"画笔预设选取器"中找到刚定义的画笔。

（4）设置前景色为深绿色（R:40,G:100,B:40），在刚建的文件中绘制树木图例，效果如图 2-3-11 所示。

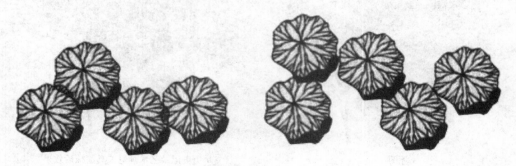

图 2-3-11

（5）单击画笔工具属性栏上的画笔面板切换按钮，弹出"画笔"面板，设置间距为"140％"（图 2-3-12）。

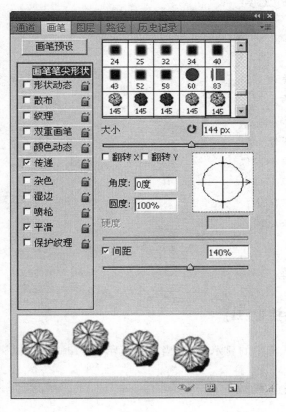

图 2-3-12

（6）打开配套光盘/基础篇/项目 2/素材文件夹中的"画笔场景 . psd"文件，新建一个图层，用画笔工具在新图层上绘制（图 2-3-13），可以看到如果沿曲线绘制，则绘制出间距相等的曲线形种植行道树；如果沿直线绘制，则绘制出间距相等的直线形种植的行道树。

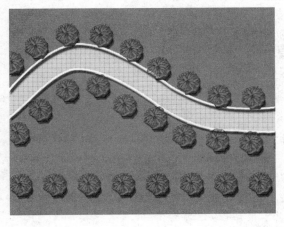

图 2-3-13

任务4　视图控制工具

学习领域
- ● 抓手命令的操作；
- ● 缩放命令的操作。

工作领域
- ● 抓手命令移动图像；
- ● 缩放命令放大缩小图像。

行动领域
- ● 控制图像的显示区域；
- ● 控制图像的显示比例。

★任务知识讲解

1. 抓手工具(快捷键:H)

用于改变图像在屏幕中的显示位置,当鼠标显示为🖐时,拖动鼠标即可。

2. 缩放工具(快捷键:Z)

缩放工具 🔍 有放大 🔍 和缩小 🔍 两种形态,用于放大缩小图像。按住<Alt>键,可以完成两种形态的互换。

Photoshop CS5 在抓手和缩放工具的属性栏上新增了 实际像素 适合屏幕 填充屏幕 打印尺寸 功能,可以根据需要快速缩放图像大小。

任务5　文字工具

学习领域
- ● 文字工具的操作；
- ● 文本编辑操作。

工作领域
- ● 创建需要的文字内容和效果。

行动领域
- ● 创建文字模纹效果。

★任务知识讲解

文字工具(快捷键:T)是 Photoshop CS 对文字进行创建和编辑的工具。单击工具箱中的"横排文字工具"T 不放,出现文字工具组。可以选择"横排文字工具"或"直排文字工具"进行横向或者竖向的文字输入。

选择"横排文字工具"T ,在绘图区中单击鼠标左键,会出现一个闪动的光标,便可以在光标之后输入文字、拼音或者数字等。在文件的上方出现文字工具属性栏(图 2-5-1),可以调整文字样式等属性。

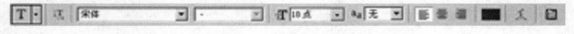

图 2-5-1　文字属性工具栏

1. 创建变形文本

单击文字 T 工具,创建"小游园局部效果图"文本,在文字属性工具栏上单击"创建变形文本"按钮 ,在出现的【变形文字】对话框中改变设置参数如图 2-5-2a 所示,效果如图 2-5-2b 所示。调整弯曲、水平扭曲、垂直扭曲值,比较一下文本的变形效果。

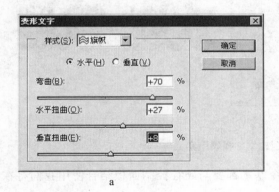

　　　　a　　　　　　　　　　　　　　　　　　　　　b

图 2-5-2　文字变形

2. 切换文字字符与段落

单击文字 T 工具,创建"平面效果"文本(图 2-5-3a),在文字属性工具栏上单击"切换字符与段落调板"按钮 ,在出现的【字符段落】对话框中设置"字符"参数(图 2-5-3b),效果如图 2-5-3c 所示;设置"段落"参数(图 2-5-3d),效果如图 2-5-3e 所示。

★任务操作　创建文字模纹图案

单击文字 T 工具,创建"欢迎"文本,修改文字的大小(图 2-5-4a);创建的文字笔画太细了,不便于制作模纹图案。在"欢迎"文本图层单击鼠标右键,在弹出的菜单中选择"栅格化图层"。用矩形选框工具选择文字后,单击【滤镜】/【其他】/【最小值】,在出现的【最小值】对话框

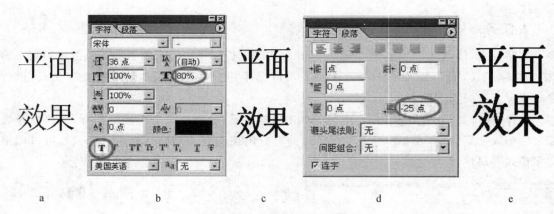

图 2-5-3　文件字符与段落调整

中，设置"半径"值为"2"（图 2-5-4b），效果如图 2-5-4c 所示；然后对该文字做"纹理化"滤镜处理，并添加"斜面和浮雕""投影"效果，效果如图 2-5-4d 所示。

图 2-5-4　创建文字模纹图案

　　此外，工具箱中的"绘图工具类"中的命令基本都要与路径控制面板结合使用我们将在"项目 3/任务 3：路径控制面板的应用"中介绍。

项目 3　Photoshop CS5 常用控制面板应用

任务 1　图层控制面板的应用

学习领域
- 新建、复制、删除图层的方法；
- 图层顺序调整和图层的合并操作；
- 图层的混合模式设置；
- 图层样式的设置；
- 图层的转换方法。

工作领域
- 应用图层的前后顺序调整图纸中元素的前后关系；
- 灵活应用图层的混合模式和样式创造想要的图像效果。

行动领域
- 应用图层的混合模式和样式创建园林要素。

★任务知识讲解

在 Photoshop CS 中，我们可以将图层看成是没有厚度透明的纸，在绘制图纸的过程中，将不同的绘制内容绘制在不同的纸上（图层上），就可以对绘制内容进行单独的调节，从而使整体图像更完美。图层操作在绘制园林效果图时，是必不可少的。

1. 图层控制面板

执行【窗口】/【图层】命令，就可以将图层控制面板调出来了（图 3-1-1）。也可以按<F7>键完成图层面板的显示和隐藏操作。通过图层控制面板可以完成很多图层操作。

1.1　创建新图层

单击"图层控制面板"的"创建新图层"按钮，可以在当前图层的上方建立一个新的透明普通图层。

此外，可以通过以下方法创建新图层：

图 3-1-1

（1）执行【图层】/【新建】/【图层】命令，弹出如图 3-1-2 所示的【新图层】对话框。

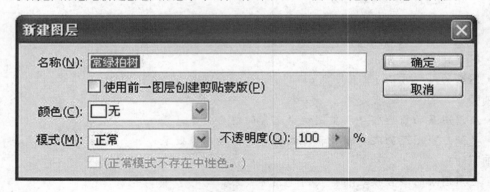

图 3-1-2

在对话框中可以给图层取名，以及设置其他特性。然后单击"确定"按钮。

（2）使用快捷键：<Shift＋Ctrl＋N>，或<Shift＋Ctrl＋Alt＋N>。

1.2　复制图层

在"图层"面板中单击要复制的图层图标不放，拖到"创建新建图层"按钮 上，待鼠标指针变成 后放开，则在原图层图标上新增加副本图层。复制前后的图层内容完全一样，并重叠在一起。

还可以用以下方法复制图层：

（1）执行【图层】/【复制图层】命令。

（2）在"图层"面板上选取图层图标后，点击鼠标右键，在弹出的快捷菜单上选取"复制图层"命令。

（3）使用快捷键：<Ctrl＋J>。

1.3　删除图层

在"图层面板"上单击要删除的图层图标不放,拖到"删除图层"按钮 ▣ 后放开,图层消失。还可以用以下方法删除图层:

(1)执行【图层】/【删除】/【图层】命令。

(2)在【图层】调板上选取图层图标后右击鼠标,在弹出的快捷菜单上选取【删除图层】命令。

1.4　调整图层顺序

图层的顺序是有规则的,上层的图像覆盖下层的图像,可以通过调整图层顺序来改变图像的显示顺序。可以将光标放在要调整的图层标签上,拖动该标签到目标图层的上方放开即可。也可以使用快捷键:将当前层下移一层 ＜Ctrl＋[＞;将当前层上移一层＜Ctrl＋]＞;将当前层移到最下面 ＜Ctrl＋Shift＋[＞;将当前层移到最上面 ＜Ctrl＋Shift＋]＞。

1.5　显示图层可见性

单击显示图层图标 👁,可以隐藏该图层,再次单击可以重新显示。

1.6　图层的合并操作

合并图层是将几个图层合并为一个图层,合并图层可以减少 Photoshop CS5 文件所占用的内存,合并后的图层不能再分,因此只有确定了这些图层不再需要进行分层编辑时才能进行合并图层的操作。

1.6.1　"向下合并"

单击菜单中【图层】/【向下合并】命令,可以把正在显示的下面一个图层合并到一起,或者按＜Ctrl＋E＞键,完成合并。

1.6.2　"合并可见图层"

单击菜单中【图层】/【合并可见图层】命令,或者按＜Ctrl＋Shift＋E＞键,可以把所有正在显示的图层合并到一起。

1.6.3　"拼合图像"

单击菜单中【图层】/【拼合图像】命令,完成所有图层拼合。

以上操作也可以单击【图层】调板右边按钮 ▶,在弹出的下拉菜单中选择对应命令进行图层的合并(图 3-1-3)。

新建图层...	Shift+Ctrl+N
复制图层(D)...	
删除图层	
删除隐藏图层	
新建组(G)...	
从图层新建组(A)...	
锁定组内的所有图层(L)...	
转换为智能对象(M)	
编辑内容	
图层属性(P)...	
混合选项...	
编辑调整	
创建剪贴蒙版(C)	Alt+Ctrl+G
链接图层(K)	
选择链接图层(S)	
向下合并(E)	Ctrl+E
合并可见图层(V)	Shift+Ctrl+E
拼合图像(F)	
动画选项	▶
面板选项...	
关闭	
关闭选项卡组	

图 3-1-3

2. 图层混合模式

当两个图层重叠时,通常图层混合模式默认状态为【正常】。同时 Photoshop 也提供了多种不同的色彩混合模式,适当的混合模式会使图像得到意想不到的效果。

使用混合模式得到的结果与图层的明暗色彩有直接关系,因此进行模式的选择,必须根据图层的自身特点灵活应用。在【图层】调板左上侧,单击 正常 ▫ 横条右侧的按钮 ▾,在下拉菜单中可以选择各种图层混合模式。

3. 图层的样式和效果

图层样式是在图层上添加图层效果的集合。单击菜单【图层】/【图层样式】/【混合选项】,

或双击图层调板中某图层,可弹出【图层样式】对话框(图 3-1-4)。

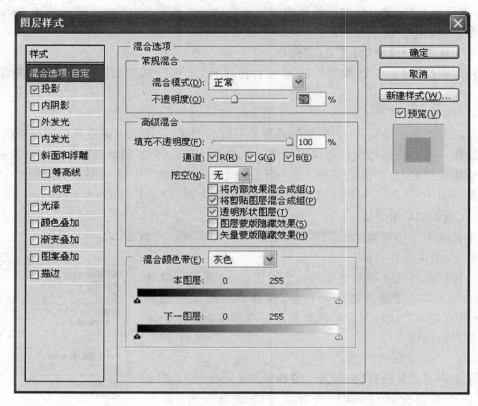

图 3-1-4

为某图层添加了某种图层效果后,这些效果就组成了图层样式,图层标签的右边会显示
图案。如果对图层样式不满意,可以通过双击图案,打开【图层样式】对话框,该图层所添
加的所有效果都被勾选,要对哪种效果进行修改,可以重新进入该效果设置框,修改效果参数。

按住<Alt>键,在图层调板中拖动 A 图层下面的效果到 B 图层,可以将 A 图层的全部效
果复制应用到 B 层。如果将图层效果拖动到图层调板底部的"删除图层"按钮上,该图层样式
就会被删除。

双击图层标签的图案,在打开的【图层样式】对话框上,单击"新建样式"按钮,给图层样
式取名后,单击"确定",该图层样式就被存储在"样式"调板中了。要应用存储的图层样式,可
以先打开"样式"面板,然后选择要应用样式的图层为当前图层,在样式面板中找到存储的样式
图标,单击该样式即可。

4. 图层转换

在 Photoshop CS 中,图层有背景图层、普通图层之分,一张图像文件只能有一个背景图
层,但可以有多个普通图层。普通图层和背景图层之间可以根据需要进行转换。

4.1 背景图层转换为普通图层

有时候需要对背景图层执行调整其不透明度或移动旋转等编辑操作时,要将背景图层转

换为普通图层。执行菜单【图层】/【新建】/【背景图层】命令,或是在图层调板中双击背景图层,可以调出【新图层】对话框,在对话框中设定层名称、层显示颜色、混合模式和不透明度,最后按下"确定"按钮,即可将背景层转换为普通图层。

　　4.2　普通图层转换为背景图层

　　如果要将普通图层转换为背景图层(在图像中没有背景的前提下)、可以选取想要转换为背景的图层,然后执行菜单【图层】/【新建】/【背景图层】命令,该图层将转换为图像最下方的背景层。

★任务操作

绘制如图 3-1-5a、b 所示的建筑平面。

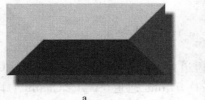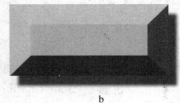

　　　　a　　　　　　　　　　　　　　　　　　b

图 3-1-5

　　①新建一个 800 像素×400 像素的文件。

　　②单击图层面板下的"新建图层"按钮 ,新建一个图层。

　　③用矩形选框创建建筑外轮廓选区,设置前景色为蓝色,按<Alt＋Del>键,用前景色填充选区。

　　④双击该新建图层,在弹出的【图层样式】对话框中勾选"斜面和浮雕"、"投影"选项,并单击这两项进入子对话框进行参数设置。设置完成后按"确定"结束。("斜面和浮雕"子菜单参数设置如图 3-1-6a,产生图 3-1-5a 的效果,参数设置如图 3-1-6b,则产生图 3-1-5b 的效果)

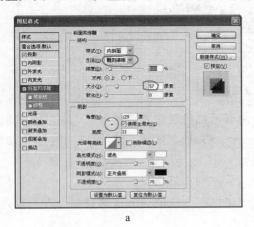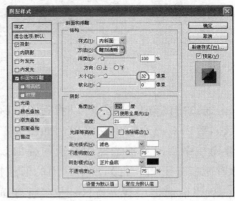

　　　　a　　　　　　　　　　　　　　　　　　b

图 3-1-6

任务 2　通道控制面板的应用

学习领域
- 熟悉通道控制面板。

工作领域
- 综合应用通道控制面板。

行动领域
- 应用通道控制面板绘制选区和加载选区。

★任务知识讲解

简单的说通道就是选区。Photoshop 的通道包括：复合通道（Compound Channel）、颜色通道（Color Channel）、专色通道（Spot Channel）、Alpha 通道（Alpha Channel）以及单色通道。在通道中，记录了图像的大部分信息。通道控制面板中许多功能按钮。如图 3-2-1 所示。

图 3-2-1　通道控制面板

单击通道中的红色通道，可以看到图像窗口中显示红色通道相应的效果，其他通道则处于关闭状态，可以对此通道单独编辑。如图 3-2-2 所示。按住＜Shift＞键，可以同时选择几个通道，图像窗口中则显示被选择的通道的叠加效果。

通道面板最下面一行列出了常用的通道操作，从左到右依次是：

:从当前通道中载入选区; 在通道面板中建立一个新的 Alpha 通道以保存当前选区; 创建一个新的 Alpha 通道; 删除当前通道。

打开图片"雪景原图.jpg"文件，建立一个圆形选区，选择通道面板，在面板底部点击，则会新建一个 Alpha 通道。当需要用到这个圆形选区时，按住＜Ctrl＞键的同时用鼠标单击该 Alpha 通道或者点击底部的图标，即可重新得到该选区。如图 3-2-3 所示。

图 3-2-2

a   b

图 3-2-3

★任务操作：制作雪景

①打开图片"雪景原图.jpg"文件，在通道面板上点击 🔲，新建一个 Alpha 通道（图 3-2-4）。

②执行【滤镜】/【杂色】/【添加杂色】命令，在弹出的【添加杂色】对话框中设置数量为"334"，分布方式为"高斯分布"，如图 3-2-5 所示。

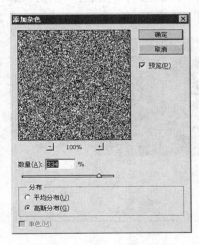

图 3-2-4   图 3-2-5

③执行【滤镜】/【模糊】/【高斯模糊】命令,在弹出的【高斯模糊】对话框中设置半径为"3.0",如图 3-2-6 所示。

④执行【图像】/【调整】/【色阶】命令,在弹出的【色阶】对话框中设置图像暗调为"119",亮调为"153"(图 3-2-7)所示。得到的结果如图 3-2-8 所示。

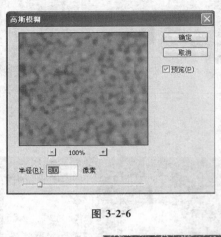

图 3-2-6

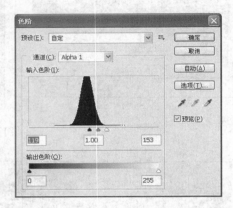

图 3-2-7

图 3-2-8

⑤执行【滤镜】/【模糊】/【动感模糊】命令,设置动感模糊的距离为"21"(图 3-2-9)。得到的结果如图 3-2-10 所示。

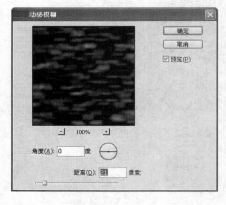

图 3-2-9

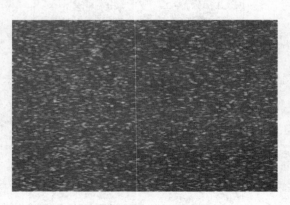

图 3-2-10

⑥按下<Ctrl>键的同时,点击该 Alpha 通道,将其载为选区,回到图层面板,新建一个图层,并填充白色,得到的结果如图 3-2-11 所示。为图片加上了雪花纷飞的效果。

图 3-2-11　雪景效果

任务3　路径控制面板的应用

学习领域
- 钢笔工具的应用方法;
- 路径选择工具的应用方法;
- 熟悉路径控制面板。

工作领域
- 钢笔工具绘制路径;
- 综合应用路径控制面板。

行动领域
- 综合的应用钢笔工具和路径控制面板绘制模纹效果;
- 综合的应用钢笔工具和路径控制面板等绘制分析线。

★任务知识讲解

在 Photoshop CS5 中,路径的应用是非常广泛的。例如一些非常精细的内容用创建选区的方法无法实现,而利用路径工具则非常简单。路径通常使用钢笔工具或形状工具来创建,在园林彩色平面图纸的绘制中,园路、模纹图案等内容都需要使用路径工具。

路径的基本组成元素包括锚点、直线段、曲线段、方向线和方向点等。如图 3-3-1 所示。

1. 钢笔工具

单击工具箱中的"钢笔工具"按钮，不放，出现路径工具组（图 3-3-2），快捷键是＜P＞。

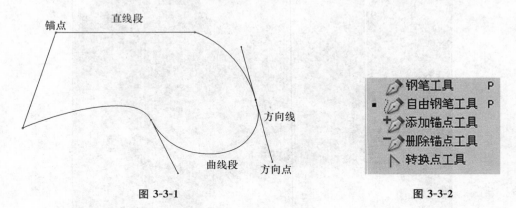

图 3-3-1　　　　　　　　　　　　　　　图 3-3-2

"钢笔工具"：选择该按钮，在工作区中单击鼠标左键，出现一个节点，也就是路径的起点；再在工作区的另一个位置单击左键，创建另一个节点，两节点之间即可创建一条路径；重复以上步骤，可绘制其他节点；如果想让路径闭合，只需在路径的起点上单击鼠标左键。在使用钢笔工具的时候，如果在单击节点之后鼠标不松开，拖动节点，便可出现一根控制柄，可以通过调整控制柄来改变路径的形状。

"自由钢笔工具"：选择该按钮，在工作区中单击鼠标左键并按住鼠标左键不放开，拖动鼠标直到结束，释放鼠标后便可绘制出一段以鼠标第一次按下的位置为起点，以鼠标最后放开的位置为终点的路径。如果鼠标移动到路径的起点再释放左键，便会得到一段封闭的路径。

"添加锚点工具"：在当前路径上增加节点，从而可对该节点所在线段进行曲线调整。

"删除锚点工具"：在当前路径上删除节点，从而将该节点两侧的线段拉直。

"转换点工具"：可将曲线节点转换为直线节点，或相反。

2. 路径选择工具

"路径选择工具"：选定路径或调整节点位置。

"直接选择工具"：可以用来移动路径中的节点和线段，也可以调整方向线和方向点。快捷键是＜A＞。

3. 钢笔工具属性栏

选择"钢笔工具"后，可以看到如图 3-3-3 所示钢笔工具属性栏。

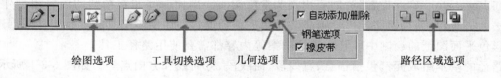

图 3-3-3

绘图选项：有两种模式。选择"形状图层"□模式时，用钢笔工具绘制的路径轮廓被前景色填充其间，同时还会在图层面板中创建一个形状图层（图 3-3-4a）。而选择"路径"□模式时，用钢笔工具仅绘制路径（图 3-3-4b）。

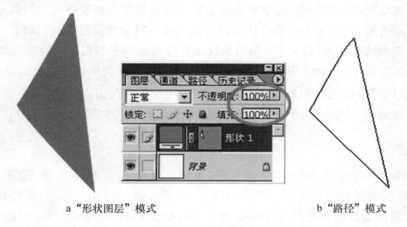

a"形状图层"模式   b"路径"模式

图 3-3-4

工具切换选项：在钢笔工具和其他形状工具间切换。

几何选项：对于钢笔工具，该按钮只有"橡皮带"选项，勾选后可以让你看到下一个将要定义的锚点所形成的路径，这样在绘制的过程中会感觉比较直观。

自动添加/删除：勾选此项，在绘制路径的过程中，单击已绘出的路径段，可以添加一个锚点，单击原有的锚点可以将其删除。如果未勾选此项，可以通过鼠标右击路径段上的任何位置，在弹出的菜单中选择添加锚点或右击原有的锚点，在弹出的菜单中选择删除锚点来达到同样的目的。

路径区域选项：确定新创建的路径区域与原有的路径区域间的交叉关系，与"选择命令"的含义差不多。

4. 路径调板

可以通过单击【窗口】/【路径】项，将"路径调板"调出来。如图 3-3-5 所示。

利用"路径调板"可执行所有涉及路径的操作。例如将当前选择区域转换为路径、将路径转换为选择范围、删除路径和创建新路径等。

路径和工作路径：使用钢笔工具绘制路径，这些路径会直接出现在路径调板的"工作路径"中。"工作路径"是一种临时路径，可以正常使用但不能被保存。拖动"工作路径"标签到路径调板底部的"创建新路径"按钮 🔲 上，释放鼠标，则"工作路径"就会转化为正式路径。也可以先新建路径，再在保持该路径标签为当前路径的情况下使用钢笔工具绘制路径。图 3-3-5 中，"路径 1"即为正式路径。

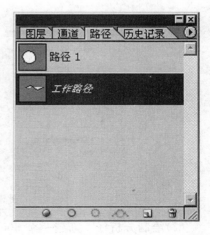

图 3-3-5

显示和隐藏路径:单击路径调板的某路径标签,该路径就会在绘图区内显示出来;在路径调板的空白处单击,路径将会被隐藏。

路径调板的最下面一行列出了常用的路径操作,从左到右依次是:

"用前景色填充路径"按钮 ◎ :单击该按钮将以前景色填充路径所包围的区域。

"用画笔描边路径"按钮 ○ :单击该按钮将以当前的前景色设置,进行描边。

"将路径作为选区载入"按钮 ⊙ :单击该按钮可将当前选中的路径转换为选择区域。

"将选择区生成工作路径"按钮 ⌒ :单击该按钮可将当前选择区域转换为路径。

"创建新路径"按钮 ⊡ :每次要创建新路径时,均需按该按钮。

"删除当前路径"按钮 🗑 :单击该按钮可删除当前选中的路径。

★**任务操作**

(1)绘制模纹　新建一个"psd"图像文件,单击工具箱中的"钢笔工具"按钮(或按快捷键<P>)。然后利用钢笔工具画出一个三角区域,如图 3-3-6a 所示。然后,使用添加锚点工具 🖊 ,在三角形的三条边的合适位置添加锚点,在用鼠标分别拖动锚点。将模纹的外轮廓画出来。如图 3-3-6b 所示。

打开"路径调板",单击下部的"将路径作为选区载入"按钮,路径变为选区。

在"图层调板"上新建"模纹"图层。调整前景色为红色,并填充到选区中。如图 3-3-6c 所示。

使用【滤镜】/【纹理】/【纹理化】命令,在弹出的【纹理化】对话框中选择"砂岩"为刚才绘制的模纹添加纹理滤镜效果(图 3-3-6d)。

对绘制的模纹做【投影】效果(图 3-3-6e)。

用同样地方法绘制其他模纹图案,结果如图 3-3-6f 所示。

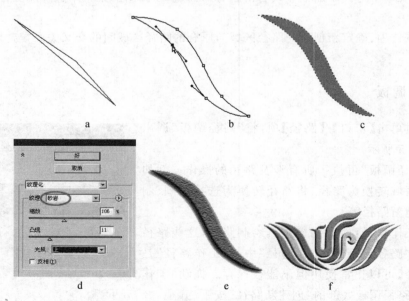

图 3-3-6　钢笔工具绘制模纹图案

(2)绘制分析线　新建一个 800 像素×800 像素,分辨率为 150 ppi 的文件。

在空白处创建一个 20×8 的矩形选区(单击矩形选框工具,在其选项栏的"样式"中选择"固定大小"再输入长、宽值即可),新建一个图层,设置前景色为红色,用前景色填充刚才的矩形选框。再在矩形选框左侧的合适位置创建一个 8×8 的圆形选区,填充前景色。如图 3-3-7a 所示。

用矩形选框将刚才创建的矩形和圆形选中(图 3-3-7b)。使用【编辑】/【定义画笔预设】命令,将其定义为画笔,取消选区。

新建一个图层,同时按住<Shift+Alt>键,在空白处新建一个圆形选区,在"路径调板"上单击"将选择区生成工作路径"按钮 ,将刚才的圆形选区转换成圆形路径。

单击画笔工具 ,设置笔尖为刚才定义的画笔,单

图 3-3-7 定义画笔

击画笔选项栏右部的"切换画笔调板"按钮 ,打开画笔调板,将笔尖的直径设为 20,间距设为 500%,"动态形状"面板中的角度抖动设置为"方向",如图 3-3-8 所示。

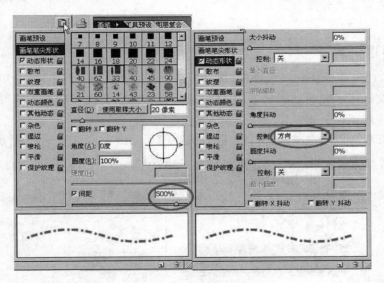

图 3-3-8 画笔设置

设置前景色为红色,单击"用画笔描边路径"按钮 ,在路径调板的空白处单击隐藏路径,绘制的效果如图图 3-3-9 所示。

用同样的方法绘制如图图 3-3-10 所示分析线。

图 3-3-9 圆形分析线绘制

图 3-3-10 弧线形分析线绘制

任务 4　历史纪录控制面板的应用

学习领域
- 熟悉历史记录控制面板。

工作领域
- 综合应用路径控制面板。

行动领域
- 利用历史记录找回过程图片；
- 利用历史记录存储过程图片。

★任务知识讲解

Photoshop CS5 中每进行一步操作，都会被记录在历史记录面板中，通过历史记录面板可以使图像恢复到操作过程的某一状态，也可以再次回到当前的操作状态。还可以将当前处理的结果创建为快照保存下来。

历史记录面板可以通过单击【窗口】/【历史记录】项调出来。如图 3-4-1 所示。

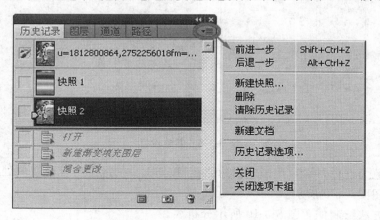

图 3-4-1　常用的通道操作

历史记录控制面板最下面一行列出了常用的通道操作，从左到右依次是：

从当前状态创建新文档：点击此按钮，会以当前操作的结果创造一个新的文件；创建新快照：点击此按钮，会在文件中以当前操作结果创建一个新的快照，保存中途操作结果；删除当前状态。

★任务操作：制作图片特效

（1）打开图片"历史记录原图.jpg"文件，选择【图层】/【新建填充图层】/【渐变】命令，弹出【新建图层】对话框，如图 3-4-2 所示，单击"确定"按钮。

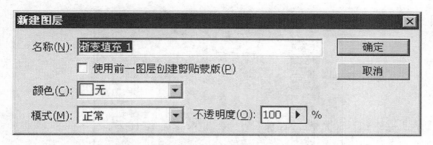

图 3-4-2　新建图层对话框

（2）在弹出的【渐变填充】对话框中点击"渐变"右侧的▼，在其下拉菜单中选择"透明彩虹"渐变，如图 3-4-3 所示，单击"确定"按钮。

（3）在图层面板下，将"渐变填充 1"图层的混合模式改为"颜色"，效果如图 3-4-4 所示。

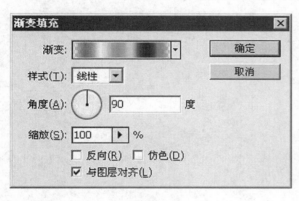

图 3-4-3　　　　　　　　　　　　　　　　　　　　图 3-4-4

（4）在历史记录面板中单击"新建渐变填充图层"记录，如图 3-4-5 所示，图像又回到了更改图层的混合模式前的状态。如图 3-4-6 所示。

（5）在历史记录面板中单击创建新快照按钮 ，则会出现此记录操作所成的图像照片"快照 1"，回到"混合更改"项，再次单击创建新快照按钮 ，添加快照 2，如图 3-4-7 所示。此时，选择快照 1，则图像效果如图 3-4-6 所示，选择快照 2，则图像效果如图 3-4-4 所示。

（6）选择"混合更改"项，单击"从当前状态创建新文档"按钮 ，则会生成一个"混合更改"的新文件。

混合更改 表 50% (渐变填充 1, RGB/8#)

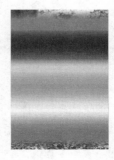

图 3-4-5　　　　　　　　　　　　　　　　　　　　图 3-4-6

图 3-4-7

项目 4　Photoshop CS5 常用菜单应用

任务 1　常见调色菜单应用

学习领域
- 图像的色彩调节方法；
- 图像的亮度、对比度、饱和度调节方法。

工作领域
- 调整图片的色彩；
- 调整图片的明暗效果和层次。

行动领域
- 将图片调成偏暖色调；
- 将图片调成偏冷色调；
- 增加图片的明暗层次。

★任务知识讲解

图像色彩对于园林效果图来说很重要，色彩可以烘托出效果图所要表现的环境和画面的意境。配景素材和效果图都需要使用色彩调整工具进行画面调整。在 Photoshop CS5 中调整色彩的方式有两种：一种是【图像】/【调整】下子菜单中的命令，这种命令作用于当前图层或当前图层的选区中的图像，会永久改变图像色彩；另一种是图层调整面板下部"创建新的填充或调整图层"按钮下的一些命令（图 4-1-1），这些命令在当前图层的上方创建一个相应的调整图层，对该调整图层下面的所有图层同时进行色彩调整。调整图层在不改变其他图层图像像素的情况下进行色彩调节，两种方法在调整参数的设置上是一样的。

图 4-1-1

1. 图像的调整

1.1　色阶和自动色阶

1.1.1　色阶

色阶工具可调节图像中暗部、中间调和亮部的分布。可对建筑和配景的色彩进行调节。色阶可以很好的掌握画面的明暗度比例问题，而不是使画面整体变亮或者整体变暗。但是画面会因为色阶的改变而有所损失。

打开"XX 政府鸟瞰效果图.jpg"（配套光盘/基础篇/项目 2/素材文件夹）文件，如图 4-1-2 所示。

图 4-1-2　原效果图

单击择【图像】/【调整】/【色阶】，进入【色阶】对话框，其中【输入色阶】对应的 3 个滑块分别代表暗部、中间调、亮部的分布情况。

（1）图像中间调的调节　当中间调滑块左移或右移时，画面中的中间调偏向于暗调或亮调。

将中间滑块向左移动，如图 4-1-3a 所示，结果画面亮部增加，图像中的细部结构更加清晰，使画面更加丰富。结果如图 4-1-3b 所示。

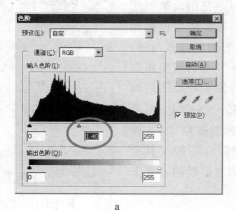

a

b

图 4-1-3　中间滑块左移效果

将滑块向右移动,如图 4-1-4a 所示,会使画面暗部增加,细节减少,整体色调变暗。这种方法适合调整画面过于纷乱的效果图,结果如图 4-1-4b 所示。

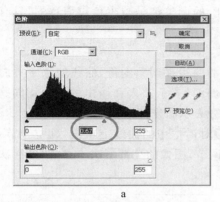

a   b

图 4-1-4 中间滑块右移效果

(2)图像暗调的调节　当暗调滑块右移时(图 4-1-5a),图像的暗部增加,如图 4-1-5b 所示。

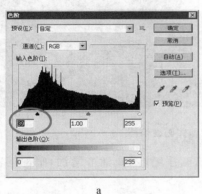

a   b

图 4-1-5 调整暗调的效果

(3)图像亮调的调节:当亮调滑块左移时(图 4-1-6a),图像高光部分明显增多,画面亮度增大,可以看清楚每一个细节,有一种阳光充足的效果,结果如图 4-1-6b 所示。

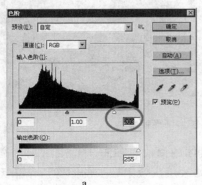

a   b

图 4-1-6 调整亮部的效果

1.1.2 自动色阶

在有些图像颜色强度失真的情况下,色阶表会出现断档,一般是在两端断档,可以通过自动色阶功能把缺少的这部分颜色补充上。因为色阶的调整都是减少色彩信息的,只有自动色阶会增加色彩信息,所以这个功能在一定程度上很有用。

1.2 曲线

曲线调整命令通过调整输入和输出色阶形成的曲线来调整图像,曲线的水平方向表示输入色阶,竖直方向表示输出色阶,初始曲线为一条斜线,表示输入和输出的色阶相同。曲线的左下角表示暗调,中间部分表示中间调,右上角部分表示高光部分。

单击【图像】/【调整】/【曲线】,在打开的【曲线】对话框中的曲线上单击,确定一节点,然后移动该节点调整曲线的弯曲度(图 4-1-7a)。经过调节,图像的亮部层次丰富,暗部层次变化不多,整体画面趋亮,如图 4-1-7b 所示。

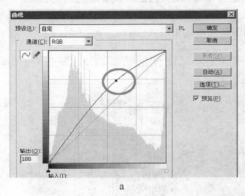

图 **4-1-7** 调整曲线后整体画面偏亮

当曲线按如图 4-1-8a 所示调整后,图像趋于暗调压缩,图像细节增加,暗部层次增加,整体画面变暗,如图 4-1-8b 所示。

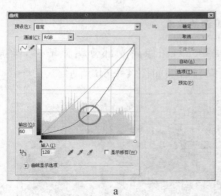

图 **4-1-8** 调整曲线后整体画面偏暗

曲线上也可以增加多个节点,对图像进行更具体的修改。如图 4-1-9a 所示。调整后图像明暗层次拉开,画面的透视感更加强烈,可以用来修改层次效果较少的图像。结果无论是亮部还是暗部的层次,都会变得丰富,如图 4-1-9b 所示。

当曲线按如图 4-1-10a 所示调整后,整体层次感降低,全图偏灰,细节也相对减少,通过这

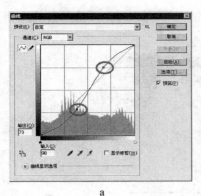

图 4-1-9　调整曲线后整体画面更丰富

种方法可以调节明暗对比过于强烈、层次过渡不自然的效果图，如图 4-1-10b 所示。

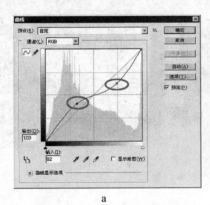

图 4-1-10　调整曲线后整体画面层次感降低

1.3　色彩平衡

色彩平衡是通过更改图像中不同色调的强度来调整图像总体颜色混合的结果，可以很容易地表现效果图所需要表达的意境。在使用色彩平衡的时候，一定要把握好图像的冷暖关系。

选择【图像】/【调整】/【色彩平衡】，在打开的【色彩平衡】对话框中，按如图 4-1-11a 所示进行调整。从调整后的图像中可以看出，整体色调变暖，如图 4-1-11b 所示。

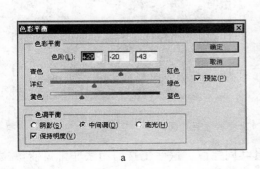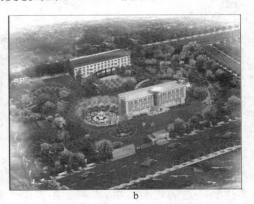

图 4-1-11　色彩平衡偏向暖色调调整后效果

按如图 4-1-12a 所示进行调整。调整前的图像如图 4-1-12b 所示，调整后的图像整体色调变冷，如图所示 4-1-12c 所示。

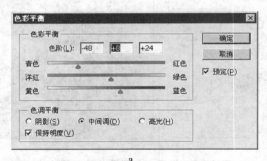

a

b

c

图 4-1-12　色彩平衡偏向冷色调调整后效果

1.4　亮度/对比度

"亮度/对比度"会对图像中的每个像素进行相同程度的调整，而不是分暗调、中间调和高光分别调整，是一种比较简单、直观的调整方式，应谨慎应用。

选择【图像】/【调整】/【亮度/对比度】，在打开的【亮度/对比度】对话框中，调整亮度、对比度参数，如图 4-1-13a 所示，效果如图 4-1-13b 所示。

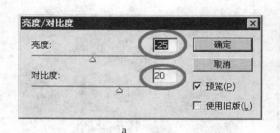

a

b

图 4-1-13　亮度/对比度调整后效果

要达到理想的画面效果，需要运用多个工具共同完成。这些工具的用法非常灵活，需要多练习掌握这些工具的各种用法。

1.5　色相/饱和度

色相/饱和度可以对图像的全部颜色进行调整,也可以对某种颜色单独分别进行调整。调整色相会使图像中的颜色根据修改值进行相应的改动。调整饱和度可以调整色彩浓度,饱和度越高色彩越鲜艳,使其更富有感染力。饱和度越低,色彩越单一,使画面更精致、真实(图 4-1-14)。

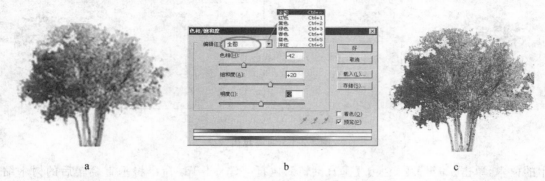

　　　　　a　　　　　　　　　　　　　　b　　　　　　　　　　　　　　c

图 4-1-14　色相调整后效果

任务 2　常见滤镜应用

学习领域
　　• 常用滤镜的使用方法。
工作领域
　　• 使用常用的滤镜绘制园林要素、编辑和修改图片。
行动领域
　　• 使用滤镜工具完成图片特殊效果的绘制。

滤镜是 Photoshop CS 中处理图像时最为常用的一种手段,包括 Photoshop CS 自带的内置滤镜和外部安装的外置滤镜。滤镜一般应用于当前图层或当前图层的选区内,许多滤镜对透明区域是无效的。

1.　切变滤镜

切变滤镜是对当前图层选区内的图像进行水平方向的扭曲。

打开光盘素材文件夹中的"油松. psd"文件,在当前图层中选取树干(图 4-2-1a),单击【滤镜】/【扭曲】/【切变】,在弹出的对话框中设置控制点(图 4-2-1b、图 4-2-1c)。调节完毕后单击"确定",结果见图 4-2-1d。

2.　波纹

波纹滤镜是对当前图层选区内的图像创建波状起伏的图案效果,一般用于模拟水中倒影。

打开"波纹场景最终. psd"文件(配套光盘/基础篇/项目 4/素材文件夹),复制树木 1 图层

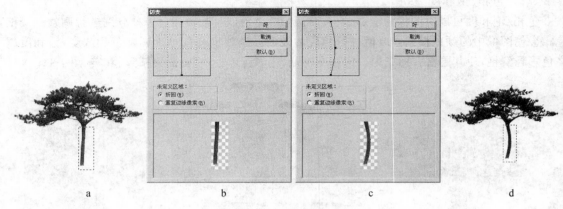

图 4-2-1 切变滤镜效果

中的树木,单击【编辑】/【变换】/【垂直翻转】,执行＜Ctrl＋T＞命令将垂直翻转后的树木缩放到合适大小并移动到合适位置(图 4-2-2a)。

保证新复制的树木图层为当前图层,单击【滤镜】/【扭曲】/【波纹】,在弹出的对话框中设置合适参数(图 4-2-2b),单击"好",结果见图 4-2-2c。

设置羽化半径为 20,用多边形套索工具选择树木湖岸以上的部分,将其删除。取消选区,将图层的整体不透明度降低至合适数值。同样的方法做出树木 2 在水中的倒影,效果见图 4-2-2d。

图 4-2-2 波纹滤镜效果

3. 动感模糊

"动感模糊"滤镜在效果图中常用来表现运动的物体或流水中模糊的倒影。

打开"波纹场景最终.psd"文件(配套光盘/基础篇/项目 4/素材文件夹),将"树木 1 倒影"图层设为当前图层,单击【滤镜】/【模糊】/【动感模糊】,在弹出的【动感模糊】对话框(图 4-2-3a)中,适当调整"角度"和"距离"的值,然后单击"确定"即可。同样方法做"树木 2 倒影"的动感模糊,最终效果如图 4-2-3b 所示。

4. 添加杂色

添加杂色命令一般用于表现草地、水刷石等的纹理效果。

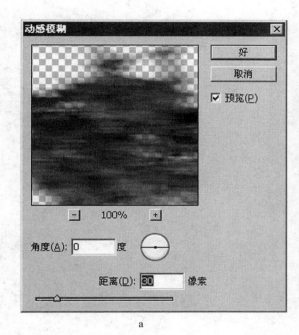 

a   b

图 4-2-3   动感模糊滤镜效果

　　创建一个矩形选区,点击工具栏上的渐变工具 ，在工具属性栏上单击 ，在弹出的对话框中设置渐变色为从绿色到白色(图 4-2-4a),点击"好",在刚才创建的矩形选区中做渐变填充,效果如图 4-2-4b 所示。再单击【滤镜】/【杂色】/【填充杂色】,在打开的【添加杂色】对话框中(图 4-2-4c),选择"高斯分布",通过调节"数量"滑块来控制效果的强度,单击"好",效果如图 4-2-4d 所示。

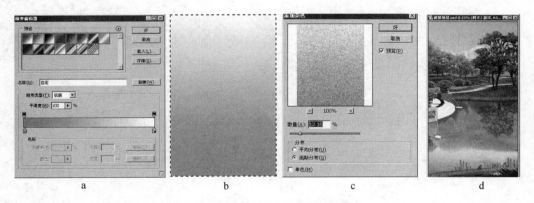

a   b   c   d

图 4-2-4   添加杂色滤镜效果

　　此外,【滤镜】/【纹理】/【纹理化】中的【纹理化】滤镜也是常用的滤镜之一,【纹理化】滤镜常用来表现彩色平面图中的绿篱和模纹效果。绘制方法和技巧详见项目 3 任务 3"路径控制面板的应用"中的模纹绘制。

第二篇　应用篇

项目 5 PS 在园林设计中的应用

任务 1 平面效果图的制作

样例：

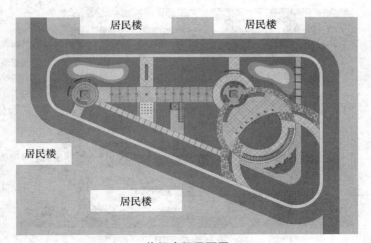

休闲广场平面图

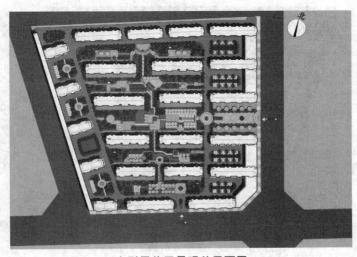

小型居住区景观总平面图

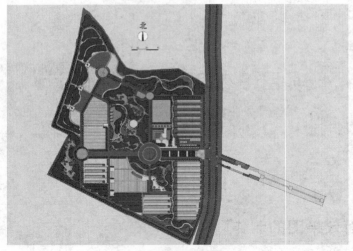

大型规划总平面图

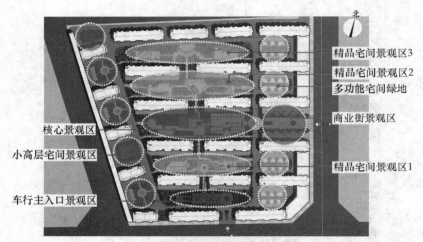

核心景观区

小高层宅间景观区

车行主入口景观区

精品宅间景观区3

精品宅间景观区2

多功能宅间绿地

商业街景观区

精品宅间景观区1

景观分区图

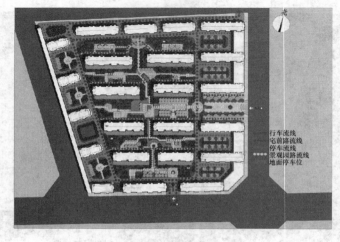

行车流线
宅前路流线
停车流线
景观园路流线
地面停车位

道路分析图

学习领域

- 其他工具模型导入 PS 的要领；
- 景观平面图表现的基本步骤；
- 景观分析图的表现内容；
- PS 基本工具的使用方法；
- 不同表现形式中色彩搭配的要领。

工作领域

- 景观平面的表现；
- 景观分析图的绘制。

行动领域

- 休闲广场景观彩平的制作；
- 居住区景观彩平的制作；
- 大型规划总平面图的制作；
- 景观分区图的制作；
- 交通分析图的制作。

★任务知识讲解

1. 彩色平面图

　　园林彩色平面图是当前园林行业最常应用的图纸之一，他可以带给我们非常直观的视觉感受。通过彩色平面图，可以将建筑方位、绿化、道路布置等要素简单、明了的展示出来。在绘制彩色平面图的时候，要注意以下几个要点：第一，表现要素应与原设计图保持一致，并且采用适合的平面图例；第二，树木、建筑等应有正确的平面尺寸；第三，根据方案表现的内容、尺度的不同采用不同的色彩方案，进行美观的色彩搭配。

2. 方案分析图

　　园林分析图包括交通分析图、景观节点分析图、功能分析图、灯光分析图等。做分析图更为好用的一款软件是 AI，用 Photoshop CS 也可做分析图，主要用到的命令是"画笔"和"钢笔路径"等工具。各种方案分析图一般都是在彩色总平的基础上绘制的。一般步骤是将彩平色彩饱和度降低，然后根据每个方案的空间特点和功能构成绘制成泡泡图或者流线分析图。

★任务操作

1. 休闲广场景观总平面图的制作

　　在 PS 中制作园林平面效果图和立面效果图，基本场景一般均来自于 AutoCAD 绘制的二维线图。AutoCAD 图形文件输出时主要的文件格式为"封装 PS（＊.eps）"和"JPEG（＊.jpg）"。制做平面效果图时通常使用虚拟打印的方法生成"封装 PS（＊.eps）"图像文件，这种格式应用灵活,可以设置任意图纸大小和分辨率。

1.1 输出 AutoCAD 位图

运行 AutoCAD 软件,打开"休闲广场平面图 .dwg"文件(文件在配套光盘/应用篇/项目五/案例底图文件夹中),如图 5-1-1 所示。

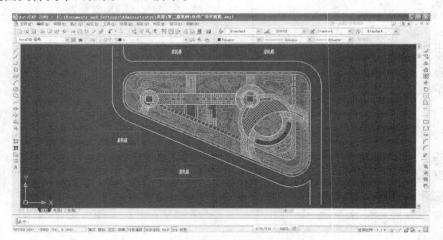

图 5-1-1

在输出 AutoCAD 底图前,要对底图做必要的调整,确认不同的要素在各自独立的图层中,主要有园路层、铺装层、植物层、建筑层、草坪层。输出时需要分别虚拟打印无铺装底图和铺装底图,方便在 PS5 中分层选择处理。

调整好图层后关闭铺装图层、植物图层和草坪层。虚拟打印文件,设置图纸尺寸为横向 A2 图纸,在打印样式中设置所有线形打印为黑色,线宽为 0.1000,淡显 100%。如图 5-1-2 所示。打印后文件存储的名称为"底图1.eps"。

图 5-1-2

　　打开铺装图层,关闭植物层和草坪层,打印设置同上,将铺装图层的线形颜色设置为淡显90%。打印后文件存储的名称为"底图2.eps"。

1.2　在PS中打开并调整底图

1.2.1　打开文件

　　运行Photoshop CS5软件,单击【文件】/【打开】(快捷键<Ctrl+O>),打开CAD输出的"底图1.eps"文件。初次打开时会出现【格式】对话框,设置模式为"RGB"色彩模式,分辨率为"200像素/英寸"。如图5-1-3所示。用同样地方法打开"底图2.eps"文件。

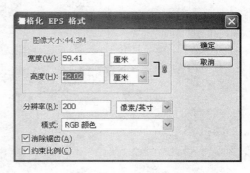

图5-1-3

1.2.2　调整底图

　　激活"底图1.eps",左键单击【图层面板】下面的新建图层按钮 (快捷键<Ctrl+Shift+Alt+N>),创建一个新图层2,在工具面板中设置背景色为白色,单击油漆桶工具 将新建图层2填充为白色(快捷键<Ctrl+Del>),这时图层1不可见,调整图层1和图层2的顺序,打印的线形就显示出来了。如图5-1-4所示。

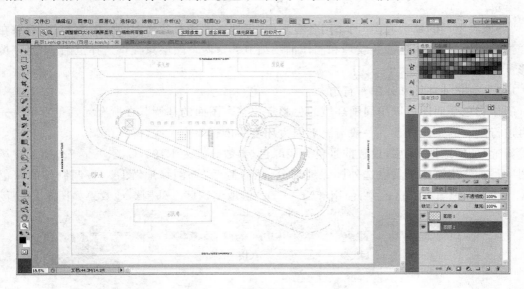

图5-1-4

　　图上显示的线形比较浅淡,激活图层1,将其拖拽到【图层面板】下面的新建图层按钮 上松开鼠标(快捷键<Ctrl+J>),将图层复制几次,直到显示效果比较清晰为止。在图层列表中选择图层1和所有图层1副本,单击右键,选择合并图层,将合并后的图层名称修改为"场地底图"。

　　打开"底图2.eps"文件,按住<Shift>键的同时,使用移动工具将图层1中的线拖拽到"底图1.eps"文件中,将其重新命名为"铺装底图",可以看到"铺装底图"和"场地底图"的图线自动重合。

1.2.3　保存文件

　　完成"底图2"和"底图1"的合并后,单击【文件】/【存储为】(快捷键<Ctrl+Shift+S>)命令,将其存储在固定的位置,文件命名为"休闲广场平面图.psd",至此,底图调整结束。结果如图 5-1-5 所示。在后期的整个制作过程中可随时使用快捷键<Ctrl+S>不断保存,防止各种原因造成的文件突然丢失。

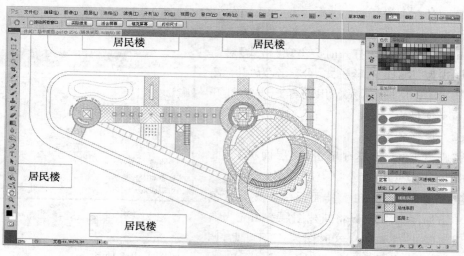

图 5-1-5

"场地底图"和"铺装底图"的作用各有不同,场地底图用来选择大面积的空间,一般放在底层,"铺装底图"为了展现铺装纹理和制作铺装细节。这两个图层只提供选择范围,不允许填充色彩。

1.3 填充外环境和外围车行道

制作彩色平面图可以用周围环境的色彩定位整个图面的基调。在所有元素色彩填充完毕后再进行图面的整体调节。一般情况下周边环境的色彩要淡一些,偏冷色调。

新建"外围绿地"图层,设置前景色为浅绿色,参数分别为 R:95,G:210,B:82。激活"场地底图"图层,使用魔棒工具点选外围绿地部分,然后激活"外围绿地"图层,将调制好的绿色按<Alt+Del>键填充到选区中,使用<Ctrl+D>键取消选区。外围绿地效果如图 5-1-6 所示。

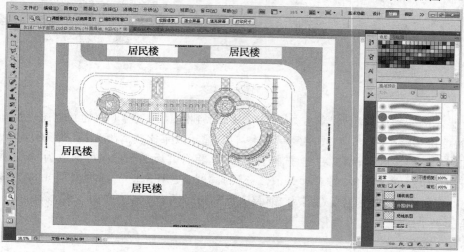

图 5-1-6

新建"外围道路"图层,设置前景色为灰色,参数分别为 R:140,G:143,B:144。激活"场地底图"图层,使用魔棒工具点选外围道路部分,并将调制好的灰色填充到选区中,效果如图5-1-7 所示。

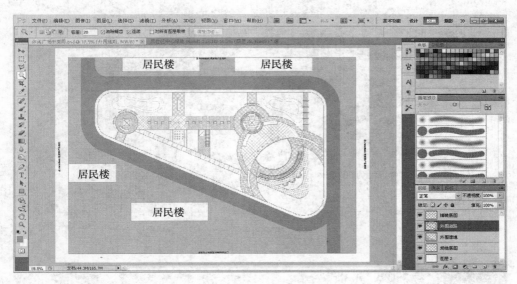

图 5-1-7

1.4　填充广场内绿地和微地形

1.4.1　制作草地

新建"草地"图层,设置前景色为草绿色,参数分别为 R:51,G:153,B:15,使用魔棒工具在"场地底图"图层中点选广场内部所有草坪、种植池、花池,并将调制好的草坪色填充到选区中。

本例中由于很多种植池很小,在制作的过程中需要随时使用缩放工具 🔍 调整画面大小(快捷键:<Z>)。

1.4.2　制作微地形效果

表现平面效果图的微地形时,通常使用近草地色渐变的方式逐层填充,高程越高,颜色越浅。创建新图层"地形",选择两块地形的外圈,设置前景色的参数为 R:122,G:196,B:28,并用前景色填充地形的外圈。然后选择地形的内圈,再次设置前景色的参数为 R:200,G:233,B:95,并填充地形的内圈,效果如图 5-1-8 所示。

1.5　制作铺装效果

平面效果图中的铺装效果主要有两种表现方式,第一种就是在 CAD 里已经设计好了铺装样式,导入到 PS 中填充适当的色彩,这种方法中的铺装更符合设计意图,在处理彩平时也很简单,是常用的方式。第二种就是在 PS 中填充真实的铺装材料,优点是更加真实,但是图案的大小比例不好控制,做大型展示图版和围挡的时候会采用此方法。

1.5.1　常用铺装材料

在本例广场的铺装制作中,采用第一种方法。首先了解一下园林设计中常用的材料(图5-1-9)。制作铺装时要根据铺装材料本身的特点选择接近的单色搭配填充。

第一类:沥青,常用色有灰色、青灰色,也有彩色沥青混凝土。

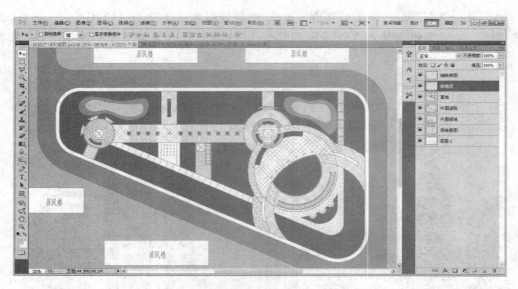

图 5-1-8

图 5-1-9

第二类：花岗岩，常用色有灰白色、深灰色、肉红色、深灰色、黑色、花色等。

第三类：透水砖，常用色有砖红色、黑色、深褐色、沙黄色、灰色等。

第四类：板岩，常用色有绿色、灰色、黑色、红色、褐色、黄色、铁锈色。

第五类：卵石，常用色有灰白色、褐色、肉红色。

第六类：木材，常用色有浅黄色、黄绿色、黄褐色、红褐色。

1.5.2　制作铺装效果

为了便于修改和选择，PS 中铺装图层可以直接用色彩命名。本广场案例中主要创建 5 种色彩的铺装图层，依排列顺序分别为"米黄"、"深灰"、"浅灰"、"浅红"、"肉红"，其 RGB 参数设置依次分别为"236,233,163"、"159,159,159"、"215,214,210"、"228,206,183"、"228,177,

143"。

　　填充"米黄"铺装图层的区域有广场周围的人行道、各条入口的通道,材料主要是黄色和浅灰色的透水砖。在"场地底图"图层上使用魔棒工具点选上述区域,并用米黄色进行填充,注意填充时要将当前图层更换到"米黄"图层上,效果如图 5-1-10 所示。

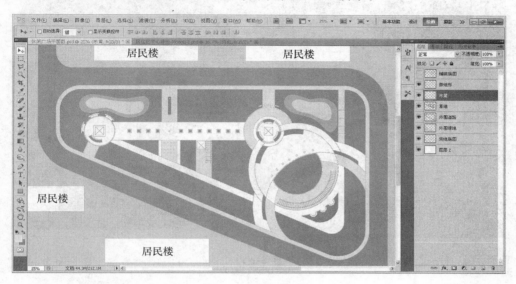

图 5-1-10

　　填充"浅灰"铺装图层的区域有两条直线步行道、中心广场周围的人行道,材料选用的是灰白色花岗岩,中心广场边缘选用的则是板岩碎拼。选择填充后的效果如图 5-1-11 所示。

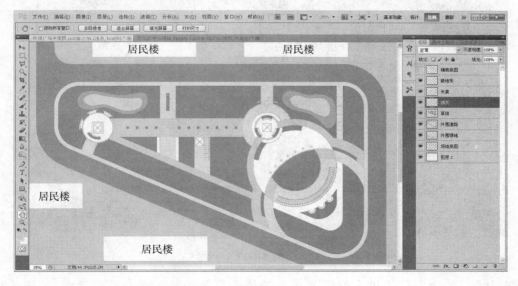

图 5-1-11

　　填充"深灰"铺装的区域主要有两条直线步行道的地面铺装线、上升平台的周边、左侧圆形空间的环形铺装,材料选用的是深灰色花岗岩,选择填充后的效果如图 5-1-12 和图 5-1-13 所示。

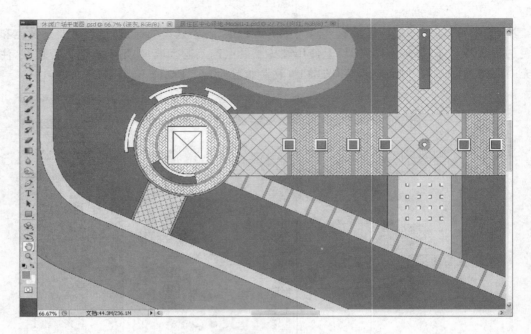

图 5-1-12

图 5-1-13

　　在中心广场周围的碎拼人行道上适当的填充深灰色使图面变得更活泼,如图 5-1-14 所示。

　　"浅红"铺装主要用于中心广场、休闲空间,材料是暖色花岗岩。在"场地底图"图层中选择需要填充的部分并填充,效果如图 5-1-15 所示。

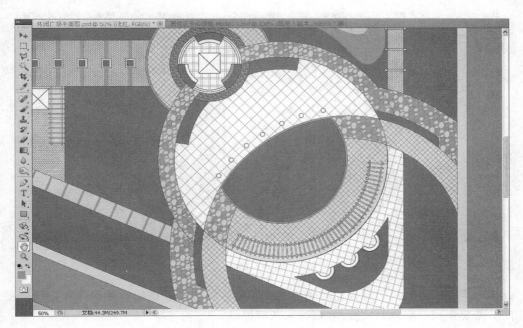

图 5-1-14

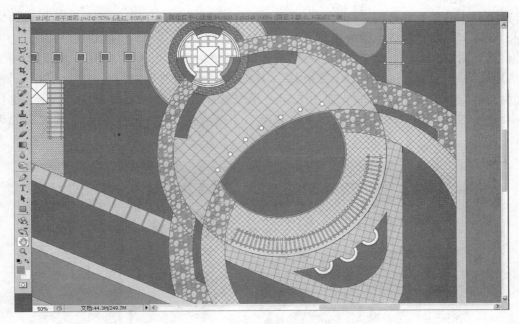

图 5-1-15

　　"肉红"铺装图层用于上升平台,主要材料为肉红色花岗岩。在"场地底图"图层上选择上升平台部分,填充到"肉红"图层上的效果如图 5-1-16 所示。

图 5-1-16

此休闲广场的铺装色彩设计已经完成。在进行色彩选择和搭配时色调需要偏暖一些,在对比度上需要强烈一些,切忌色彩表现的太灰暗模糊。

1.6   建筑和小品的表现

1.6.1   建筑

建筑和小品作为场地的点睛之笔在色彩上一定要亮丽突出,同时注意与其他元素的完美搭配。在本案中选择橙黄色作为建筑小品的主色调。

创建新图层"建筑",设置前景色为橙黄色,其参数为 R:240,G:95,B:16,使用魔棒工具在"场地底图"图层上点选两个三个方亭、两个廊架、各个空间的景墙。点击"建筑"图层,将其设置为当前图层,按<Alt+Del>键,用前景色填充选择区域,效果如图 5-1-17 所示。选择的时候要注意细节比较多的建筑,比如弧形廊架需要放大到 100% 甚至更大才能准确的确定选区。

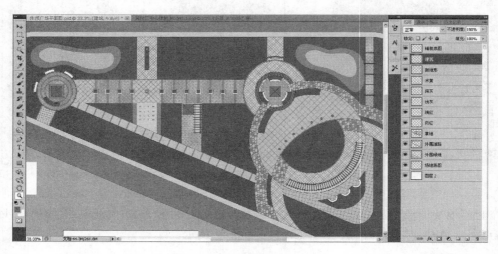

图 5-1-17

建筑需要做出阴影才能使图面产生立体效果,最简单的方法就是使用图层"混合选项"中"投影"功能。需要注意的是这种方法会增大文件,对于大型的平面效果图并不适合采用。在"建筑"图层上单击右键,选择"混合选项",在弹出的【图层样式】对话框中勾选"投影",设置相应的参考值,如图 5-1-18 所示。对比建筑有无阴影的效果,如图 5-1-19 所示。

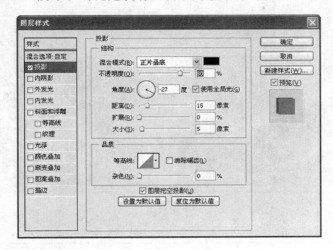

图 5-1-18

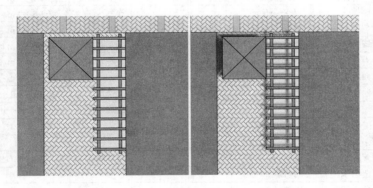

图 5-1-19

1.6.2　小品

创建新图层"小品",将其置于"建筑"图层之下。使用魔棒工具在"场地底图"中点选坐凳、景观灯、小雕塑,填充橙黄色。设置"小品"层的阴影,距离值要比建筑图层小些,效果如图 5-1-20 所示。

1.7　添加植物

植物表现是彩平制作的最后一步,也是最关键的步骤。首先应该注意按照原方案进行植物配置,乔木、灌木均按比例绘制;其次在色彩调制时注意要将整体图面明暗把握好,草坪浅则植物深,而草坪深则植物浅;再次要注意不同种类树木色彩的细微变化,使图面植物色彩丰富起来,一般乔木在上层要浅淡一些,灌木在下层要深一些。

1.7.1　制作植物单体

本案例的植物配置表如图 5-1-21 所示,在做单株植物时将其中植物图例虚拟打印后导入

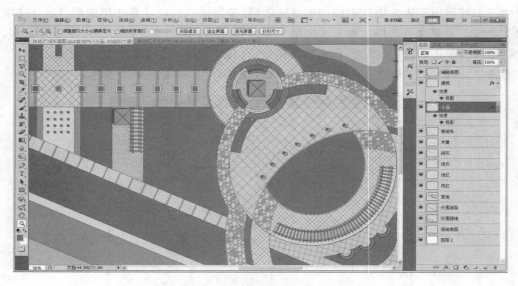

图 5-1-20

乔木					灌木				
序号	图例	名称	规格	数量(株)	9		紫丁香	冠 1.5～2 m	
1		国槐	∅ 8～10 cm		10		连翘	冠 1.5～2 m	
2		刺槐	∅ 12～15 cm		11		榆叶梅	冠 1.5～2 m	
3		银杏	∅ 8～10 cm		12		四季锦带	冠 1.5～2 m	
4		五角枫	∅ 6～7 cm		13		大花水桠木	冠 1.5～2 m	
5		西府海棠	∅ 6～8 cm		14		桧柏球	冠 1～1.5 m	
6		油松	h 3～4.5 m		15		水蜡球	冠 0.9～1.2 m	
7		桧柏	h 2～3 m		16		水蜡篱	修剪后 60 cm	
8		云杉	h 2～2.5 m						
片植灌木及地被植物					草坪				
17		紫叶小檗	修剪后 40 cm		21		优异草坪	出围 h 5～7 cm	
18		金山绣线菊	修剪后 30 cm						
19		金焰绣线菊	修剪后 30 cm						
20		丰花月季	自然形						

图 5-1-21

到 PS 中进行逐一处理。

　　单株植物处理成彩色平面的方法是用圆形选区工具选择植物,填充相应的色彩即可。一般落叶乔木为黄绿色,常绿乔木为蓝绿色,特色树种根据整体方案来斟酌,各种灌木颜色以深绿色为主。过程如图 5-1-22 所示。在此步骤中需要注意的是填充的色彩图层置于植物图层之下。再合并两个图层。

1.7.2　添加乔木

　　制作完成植物单体后需要依据"行列式乔木—主景乔木—落叶配景乔木—常绿配景乔木"的顺序,参照 AutoCAD 植物种植底图去添加。如果制作的是大型彩平,需要将植物底图也虚拟打印一份,拖拽到正在制作的图中作为底图参照。

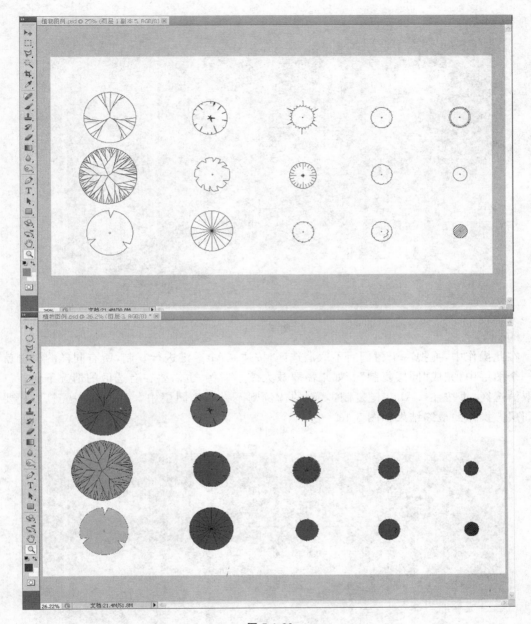

图 5-1-22

（1）添加广场周围的行道树　用选择工具选择"国槐图例"，将其拖拽到"休闲广场平面图.
PSD"文件中，调整图层顺序，将该图层置于最上方。右键单击该图层，选择"图层属性"，修改
图层名称为"国槐"，按照原图的布局方式进行复制，效果如图 5-1-23 所示。

（2）添加广场内部行列式种植的树　用同样地方法将"银杏"、"五角枫"两种树例拖拽进
来，并按原图复制。

（3）添加主要景观树　将"刺槐"、"西府海棠"两种树例拖拽进来，按原图复制。

（4）添加配景树　将"油松"、"云杉"、"桧柏"树例拖拽进来，按原图复制。

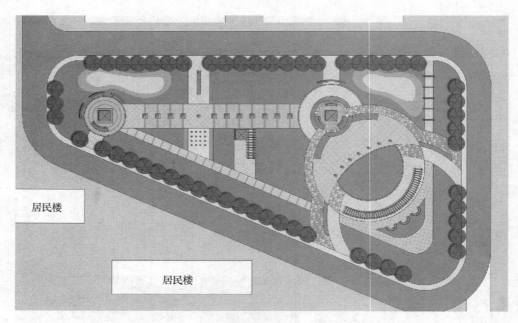

图 5-1-23

在此操作中,拖拽一个树例后不取消选区,按住<Alt>键进行复制,所有同样的树例就会在一个图层中,完成"同层复制"。如果需要放大缩小树例,也需要在有选区的情况下进行。如果取消选区,再按住<Alt>键复制,复制的树例则不在一个图层中,完成所有复制后,需要合并图层。操作的最终结果如图 5-1-24 所示。

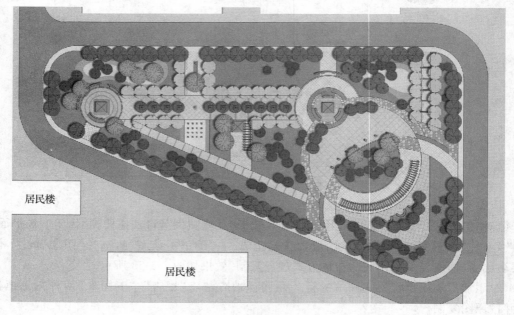

图 5-1-24

1.7.3　添加灌木

灌木的添加也要遵循主次,先按原图添加落叶灌木,然后添加常绿灌木、灌木球。在图面色彩比较单调的情况下可以随时调整灌木的色彩,比如适当地调整为黄色、橙色等暖色,增加图面的层次感。效果如图 5-1-25 所示。

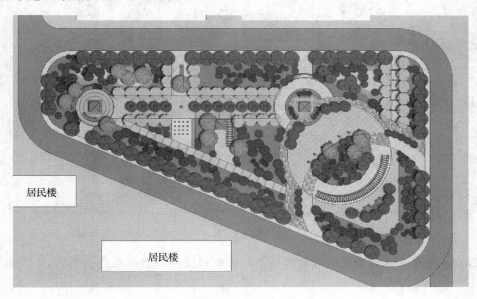

图 **5-1-25**

1.7.4　灌木丛的表现

丛植灌木一般使用云线来表现。将 CAD 中表现灌木丛的云线单独虚拟打印出来,拖拽到彩平文件中,灌木丛的最佳填充色彩是介于乔木和灌木之间的色彩。制作这部分效果的时候,可以先关闭其他树木图层,这样便于观察。填充后的效果如图 5-1-26 所示。

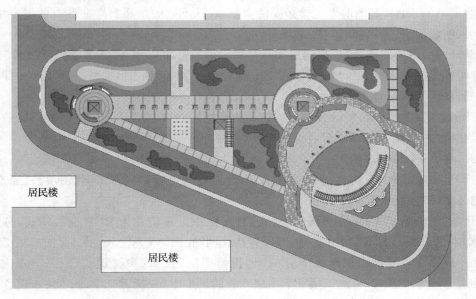

图 **5-1-26**

打开关闭的树木图层,休闲广场景观总平面图的最终效果如图 5-1-27 所示。

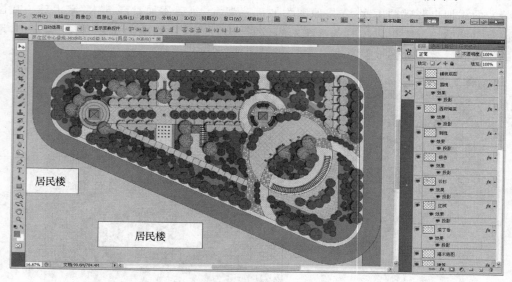

图 **5-1-27**

设计师在做平面效果图的时候应根据不同场地和性质特点调整色彩方案,形成具有个人特点的不同作品。

2. 小型居住区景观总平面的制作

2.1 AutoCAD 输出底图

运行 AutoCAD 软件,打开"居住区平面图 . dwg"文件(文件在配套光盘/应用篇/项目五/案例底图文件夹中)。

在输出 AutoCAD 底图前要先做必要的调整,确认不同的景观要素在各自的图层中,主要有园路层、铺装层、植物层、建筑层、草坪层等。

调整好图层后关闭铺装层、植物层和草坪层。虚拟打印文件,设置图纸尺寸为横向 A2 图纸,在打印样式中设置所有线形打印为黑色,线宽为 0. 1000,淡显 100%。打印后文件存储的名称为"居住区平面图-底图 1. eps"。

打开铺装层,关闭园路层、建筑层、植物层和草坪层,打印设置如上,将铺装图层的线形颜色设置为淡显 90%。打印后文件存储的名称为"居住区平面图-底图 2. eps"。

2.2 在 PS 中调整底图

运行 Photoshop CS5 软件,关闭视窗右侧用不到的【色板】等,只留下【图层】、【通道】、【历史记录】、【路径】控制面板。

打开"底图 1. eps"文件,在弹出的【格式】对话框中设置模式为 RGB 色彩模式,分辨率为 200 像素/英寸。然后打开"底图 2. eps",设置格式同"底图 1. eps"。

激活"底图 1",单击图层面板下方的"创建新图层"按钮(快捷键<Ctrl＋Shift＋Alt＋N>),创建一个新图层 2,将此图层置于图层列表的最下方(快捷键<Ctrl＋[>),设置前景色为白色,按<Alt＋Del>键将图层 2 填充为白色。如图 5-1-28 所示。将"图层 1"的名称改为

"场地底图"。

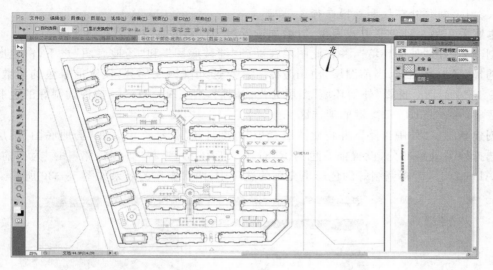

图 5-1-28

由于虚拟打印的封装图颜色比较浅,将"场地底图"图层多复制几个(快捷键:<Ctrl＋J>),将"场地底图"图层和复制出来的副本图层合并为一个图层(快捷键<Ctrl＋E>)。

> 在以后的制作中,图层会明显增多,选择多个图层需要使用更简便的方式:即左手按住<Shift>键,在图层列表中选择需要合并的最上面的一个图层,然后拉动列表,再选择最下面的一个图层,介于二者之间的图层都被选中变为蓝色了,这时可以合并了

激活"底图 2",按住<Shift>键的同时使用移动工具将图层 1 中的线拖拽到"底图 1"中,将其重新命名为"铺装底图"。这时铺装底图和场地底图自动重合。

将"居住区平面-底图 1"另存为"居住区景观平面图.psd"(快捷键:<Ctrl＋Shift＋S>),底图调整结束,结果如图 5-1-29 所示。

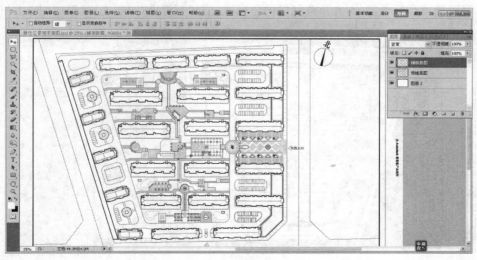

图 5-1-29

2.3 制作道路

2.3.1 制作外环境和外围车行道

本案采用另一种色彩方式表现，以增加读者对于色彩的掌控能力。

创建新图层"外围环境"，并将此图层移动到"铺装底图"和"场地底图"之下，白色底图之上。选择"场地底图"为当前图层，使用魔棒工具点选外围绿地部分，设置前景色的参数为 R：178，G：189，B：183，选择"外围环境"图层为当前图层，按＜Alt＋Del＞键将调制好的色彩填充到选区中。按＜Ctrl＋D＞键取消选区。

创建新图层"外围道路"，并将此图层置于"外围环境"图层之上。在"场地底图"图层上用魔棒选择外围道路部分，设置前景色为 R：81，G：81，B：81，选择"外围道路"图层为当前图层，按 ＜Alt＋Del＞键将调制好的色彩填充到的选区中，两次操作的效果如图 5-1-30 所示。

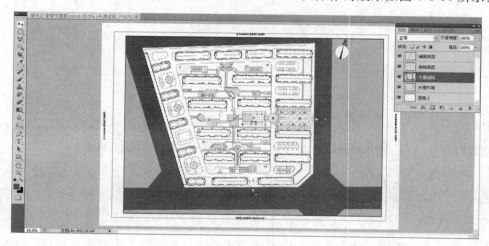

图 5-1-30

2.3.2 制作居住区内部主要车行道

创建新图层"车行道"，设置比外围道路更浅淡的灰色，参数为 R：119，G：119，B：119，在"场地底图"图层上选择车行道部分，并将调制好的色彩填充到"车行道"图层上，效果如图 5-1-31 所示。

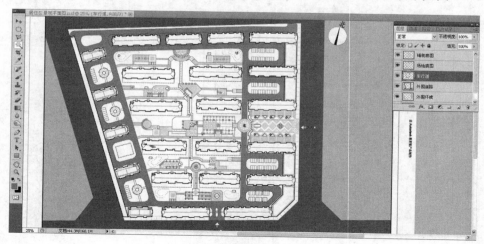

图 5-1-31

2.4　制作各类草地

关闭"铺装底图"图层,在"场地底图"中用魔棒工具依次选择建筑基础绿地、宅间绿地、种植池、停车场绿地。设置前景色为蓝绿色,参数为 R:31,G:128,B:75,将此颜色填充到新建的"草坪"图层中。

在"场地底图"图层上选择居住区中间 8 栋住宅楼楼南侧的私家花园绿地,将其填充为比其他草地稍浅的绿色(R:110,G:193,B:85)。如图 5-1-32 所示。继续选择东侧和西侧的生态停车场地,将颜色设置为比其他草地更浅的绿色(R:228,G:248,B:117),表示嵌草砖,填充后的效果如图 5-1-33 所示。

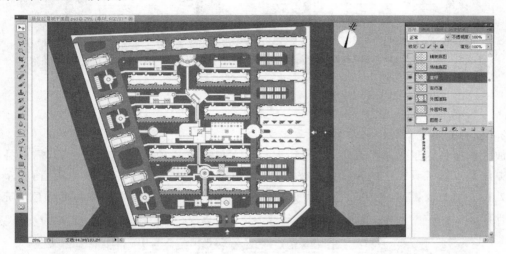

图 5-1-32

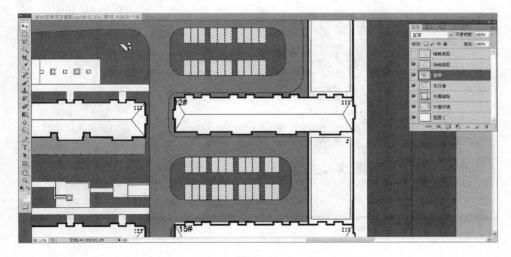

图 5-1-33

2.5　制作水体

用魔棒工具在"场地底图"图层中点选中心水景和南北衍生的水线,设置前景色的参数为 R:20,G:130,B:225,将此蓝色填充到新建的"水景"图层中。如图 5-1-34 所示。

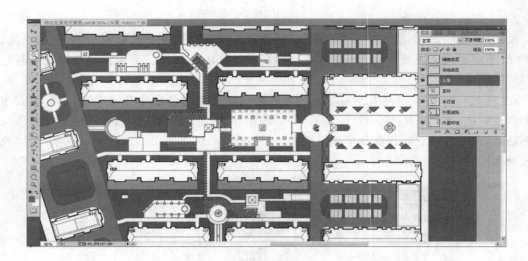

图 5-1-34

2.6　补充填充草坪

放大该居住区景观总平面,可以看到人行出入口处有一种植池未填充色彩,需要补充填充。方法是点选工具栏中的吸管命令按钮 (快捷键<I>),这时鼠标变换为吸管,在草坪的任意处按一下左键,工具栏中的色彩就变为草坪绿色,然后在"草坪"图层中将此颜色填充到三角形种植池中。结果如图 5-1-35 所示。

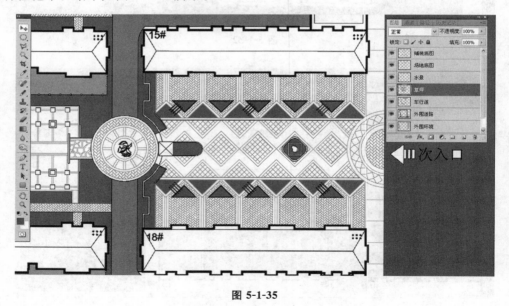

图 5-1-35

2.7　制作铺装

2.7.1　制作人行出入口铺装和其他景观

创建"浅灰"、"深灰"、"浅黄"和"深褐"四个铺装图层。关闭"铺装底图"图层,在"场地底图"图层上选择 15♯ 和 18♯ 楼商业外街,设置色彩为 R:194,G:194,B:194,将此色填充到"浅灰"图层中。结果如图 5-1-36 所示。

图 5-1-36

激活魔棒工具(快捷键<W>),在"铺装底图"图层上选择中央大道上设计为浅灰色的小方砖进行填充。结果如图 5-1-37 所示。

图 5-1-37

继续在"铺装底图"图层上选择商业外街的条状地铺,分别填充浅黄色和深褐色。浅黄色的 RGB 设置为 233,219,172;深褐色的 RGB 设置为 161,144,168,注意不同的色彩要填充到相应的图层中。

选择中央大道上设计为黄色的铺装地块,将前景色重新设置为浅黄色后在相应的图层上填充。

选择中央大道上设计为浅灰色的铺装地块,将色彩填充到"浅灰"图层上。

选择中央大道上设计为深灰色的铺装地块,设置 RGB 值为 130,130,130。将色彩填充到"深灰"图层上。效果如图 5-1-38 所示。

至此入口铺装基本完成。

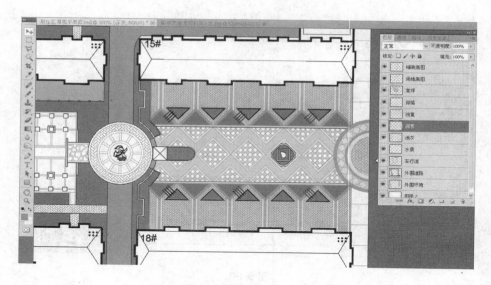

图 5-1-38

2.7.2 制作主景观带铺装

所有铺装效果制作的程序与入口处基本类似。值得注意的是需要随时新建将要用到的色彩图层。在主景观带铺装中需要建立"深黄"和"肉红"两个新图层,深黄色的 RGB 为 254,218,122;肉红的 RGB 为 255,196,153。填充后的效果如图 5-1-39 所示。

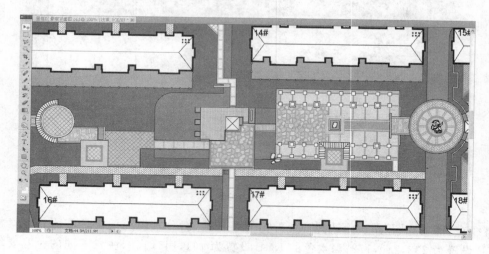

图 5-1-39

铺装的色彩选择一定要与原设计方案的材料一致。想快速选择铺装区域,在 AutoCAD 基础文件中就应该将铺装严格分层,一般分为"铺装分割线层"和"铺装填充层"。在虚拟打印时可以将铺装分割线同道路线一同打印,这样就可以方便的选择整块区域了。

另外,对于碎拼铺装需要强调一下色彩变化,这样在视觉上才会更舒服,所以本案中的碎拼纹理用了灰色和黄色来表示常用板岩的碎拼效果。

2.7.3　制作车行主入口景观带铺装

本案车行出入口景观带设计简洁,只有三个矩形空间。只需要按照设计思路划分开冷暖空间即可。最终效果如图 5-1-40 所示。

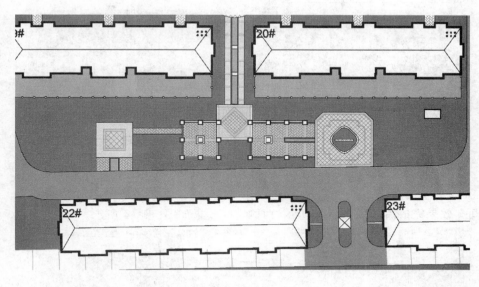

图 5-1-40

对于某些有地面铺装分割线的道路来说,可以用分割线内留白的方式处理。既可以省时间,图面也不会看起来由于色彩过多而凌乱。

2.7.4　制作其他条形宅间铺装

首先,关闭"铺装底图"图层,用魔棒在"场地底图"图层中选择所有宅前路,点选"吸管"命令(快捷键＜I＞),在平面中吸取浅灰色色彩样本,然后进入"浅灰"图层,将此浅灰色填充进去。

条形宅间绿地的铺装制作方法同上。关键还是基础材料的选择和冷暖色调的搭配。宅间1 效果完成后如图 5-1-41 所示。

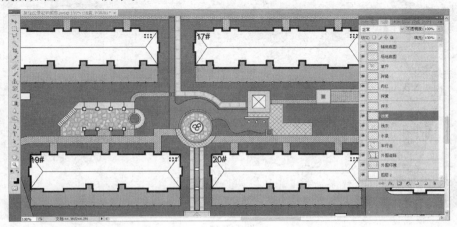

图 5-1-41

宅间 2 效果完成后如图 5-1-42 所示。

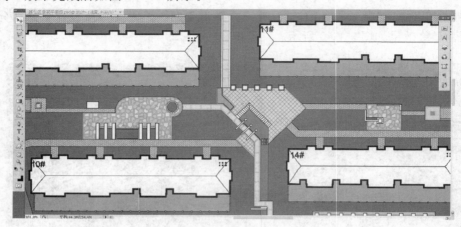

图 5-1-42

宅间 3 效果完成后如图 5-1-43 所示，西侧宅间效果如图 5-1-44 所示。

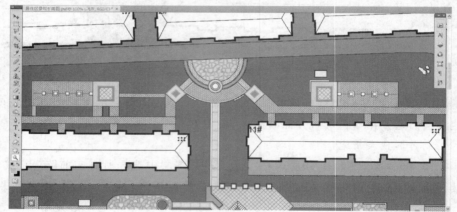

图 5-1-43

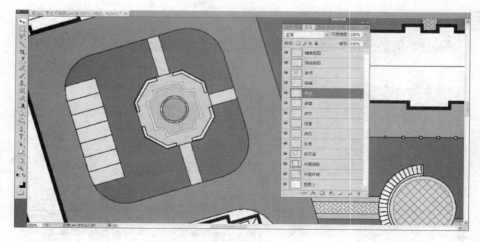

图 5-1-44

　　场地内所有铺装都制作完成后,将浅灰色和浅黄色间隔的填充到外围商业街的铺装分格内,至此,本案所有铺装制作完成。

2.8　制作建筑小品和居住建筑效果

2.8.1　制作建筑小品

　　新建"小品"图层,用魔棒工具在"场地底图"中选取景观建筑、装饰小品和景石雕塑,然后设置前景色为暗红色,并将其填充到"小品"图层中。填充效果如图 5-1-45 所示。

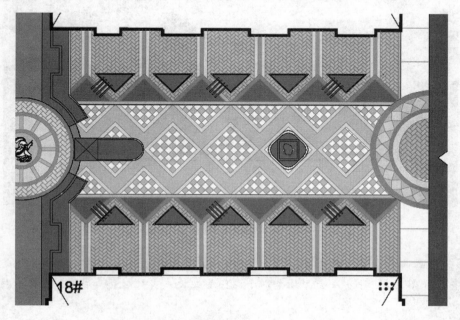

图 5-1-45

　　建筑小品的效果还需要用阴影加强。双击"小品"图层,在弹出的【图层样式】选框中勾选"投影",做如图 5-1-46 所示设置,效果如图 5-1-47 所示。

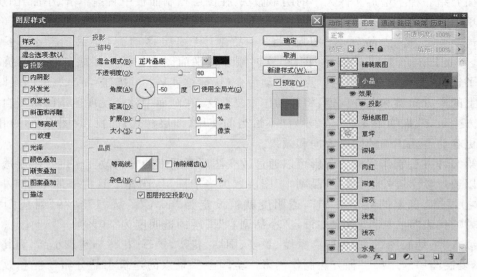

图 5-1-46

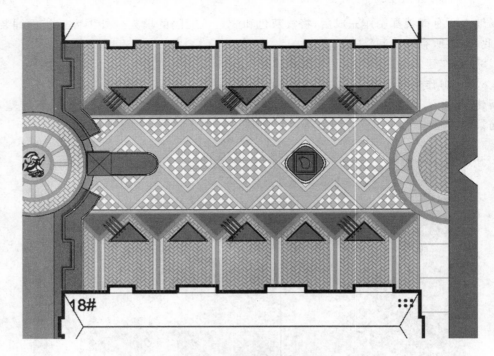

图 5-1-47

阴影是让画面更丰满一种手段，用【图层样式】设置阴影的方法是最简单的。但是不同小品本身高度并不同，这种方法会导致个别小品阴影距离本身比较远，所以一定要控制好阴影的距离和大小。

如果要求更高质量可以将建筑和小品细分图层，逐层设置阴影值误差就会减小。

此种方法的缺点就是真实度稍差，设置【图层样式】的元素越多，文件也越大。

下面介绍一种不增加文件大小的阴影做法：在图层控制面板中右键单击"小品"图层，在弹出的菜单中选择"清除图层样式"，附加在图层上的阴影就没有了。复制"小品"图层（快捷键＜Ctrl＋J＞），生成"小品副本"图层，将"小品副本"图层移动到"小品"图层以下。按住＜Ctrl＞键的同时单击"小品副本"图层，这时刚才在平面图中被填充了暗红色的建筑小品部分就成了选区，为其填充上黑色。点击移动命令（快捷键＜V＞），按住＜Alt＞键的同时，依次按键盘上的左方向键和上方向键，将此动作重复数次，在画面中就会发现建筑的阴影自底部起向左上方生长，效果如图 5-1-48 所示，同不恰当的使用【图层样式】的投影（图 5-1-49）相比，这种方法更容易得到正确的阴影方向和效果。

用第二种方法制作完成的阴影可以通过改变图层透明度的方式改变密度。图层透明度的数值可以通过数字键控制：将"小品副本"图层置为当前图层，选择工具栏上的移动工具（快捷键＜V＞），按键盘上的数字键"6"，透明度就被设定为"60％"。从"1"到"9"对应"10％"到"90％"，"0"代表"100％"。本案中设定"小品副本"图层的透明度为"80％"。

继续在"场地底图"上选择所有景墙、景亭、围墙、花架、景石、花钵等建筑小品，为其填充上暗红色，复制图层后用第二种方法制作阴影。全园主要景点的建筑小品分布情况和效果如图 5-1-50 所示。

图 5-1-48   图 5-1-49

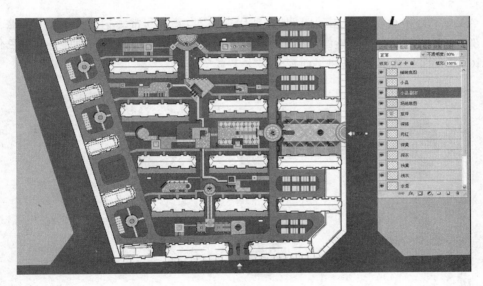

图 5-1-50

2.8.2 制作居住建筑阴影

新建"建筑"图层,在"场地底图"图层中将所有建筑选择后填充为白色。按照给小品制作阴影的方法添加这些居住建筑阴影,区别在于居住性建筑远远高于小品的高度,它们的阴影也要基本符合实际情况。通常情况下,我们会将建筑阴影范围控制在北侧宅前路的内外。整体建筑的阴影效果如图 5-1-51 所示。

2.9 添加植物

2.9.1 添加乔木等主要景观树种

本案的色彩偏冷色调,使用的植物图例也要偏冷,植物图例的制作方法与广场彩色平面图的制作方法相同。在本案中场地有比较多的树池和树池坐凳,因为都在树下不需要过多处理,但是需要植物本身有一定的透明度,这样显示树下的这些结构和设施,所以这里着重讲述透明树例的制作。

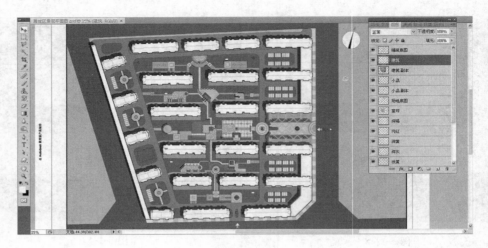

图 5-1-51

　　在 AutoCAD 中虚拟打印三种图例，分别代表乔木、灌木和常绿树。在 PS 中将这三种树复制一份，分别填充具有代表性的色彩。如图 5-1-52 所示，乔木填充了两种色彩，黄色代表特色景观树，灌木两种色彩，可以使平面视觉层次丰富多变。

图 5-1-52

　　将黄色树例拖拽到"居住区景观平面"中，更改图层名称为"乔木"。在菜单栏中选择【编辑】/【变换】/【缩放】（快捷键＜Ctrl＋T＞）命令将此图例缩放到直径 5 m 左右（缩放时可参照居住区的 6 m 主干道）。

　　缩放命令有"自由缩放"，"以任意角进行等比缩放"和"中心等比缩放"等方式。为对象添加缩放命令后，对象周围会出现缩放范围框，四个边和角都可以拉动。
　　拉动缩放范围框的任意一边或一角点时图像横纵比例可以任意调整；
　　按住＜Shift＞键的同时拉动任意角可进行沿此角方向的等比缩放；
　　按住＜Shift＋Alt＞键的同时拉动任意角可沿对象中心进行等比缩放。

移动复制该黄色树例,然后按数字键"8",将"乔木"图层的透明度设置为80%,在菜单栏中选择【编辑】/【描边】命令,在弹出的对话框中设置描边的色彩为"黑色",宽度为"1",位置为"内部",这时可以看到树例边缘更加清晰。当所有乔木复制完毕后使用【图层样式】设置树的投影,单株树例效果的制作过程如图5-1-53所示。

图 5-1-53

单株图例制作完成后,要进行同层复制,修改图层名称为"乔木1",用同样的方法制作绿色的单株乔木,移动复制到合适的位置,修改其图层名称为"乔木2"。平面种植乔木的方法有很多,最有效的方式就是先复制种植行列树、行道树,然后是每个空间的主景树,最后是宅间绿地和建筑基础绿化中的乔木,如果基础绿化不是重点,且处在建筑的阴影内时可以省略。行列树、行道树种植完成后的平面效果如图5-1-54所示。

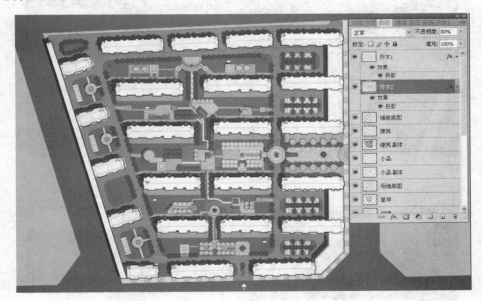

图 5-1-54

规律性的乔木种植完毕后就可以在楼间种植自然绿地上的植物了,常绿乔木需要单独建立一个图层,作为中层植物景观存在。如图5-1-55所示。

2.9.2 添加灌木

新建"灌木"图层,在"植物图例"文件中选择灌木图例拖拽到"居住区景观平面"中,将其缩放到适合大小(冠幅在1.0~1.5 m),以丛植或片植的方式进行同层复制。由北到南主要重要

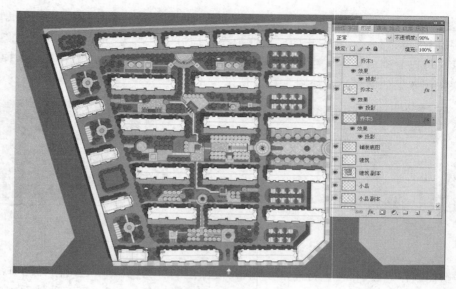

图 5-1-55

空间的灌木分布情况如图 5-1-56、图 5-1-57 和图 5-1-58 所示。

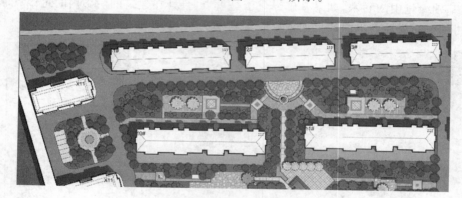

图 5-1-56

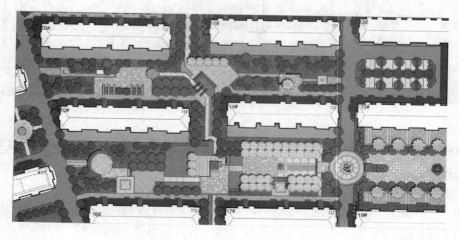

图 5-1-57

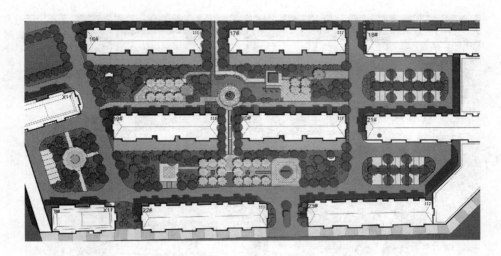

图 5-1-58

　　按照外环境、道路、铺装、建筑小品、乔木、灌木的顺序制作彩平,能比较快捷的完成项目,关键要点是设置正确的图层顺序、每个要素的色彩和比例,适宜的复制方式。每个设计师对方案和色彩的理解不同,表现的结果自然也不同,只要把握好上述的几点就可以了。

　　在各个步骤完成后可以进行整体图面调整,通常是使用"亮度/对比度"、"色相/饱和度"命令来调整。首先激活最上面的图层,然后点击图层命令面板下面的　　按钮,在弹出的菜单中选择"亮度/对比度",调整设置如图 5-1-59 所示,居住区景观平面的最终效果如图 5-1-60 所示。

图 5-1-59

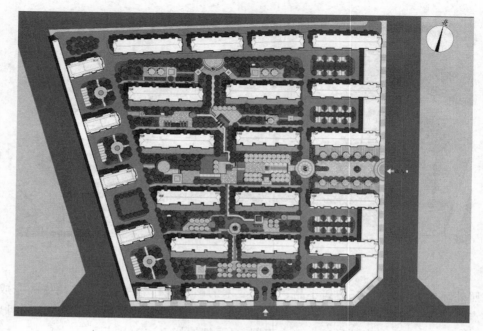

图 5-1-60

3. 大型规划总平面的制作

制作大型规划总平面效果图的要点是:第一、整幅画面色彩要和谐,可通过对比的方法突出主要景点;第二、地形主要通过色彩梯度表现;第三、植物以片植和林植为主,以点状种植为辅;第四、水体一般用阴影或者等深线表示,以增加层次;第五、道路级别以宽度和色差区分,基本不需要铺装细节;第六、景观建筑和小品用同一色系表现,需要用投影表现体量。

本案中以某农业观光园的规划总图为例,演示一个面积 28 公顷的规划总平制作过程。

3.1　底图的导出与导入

虚拟打印"大型规划总平面"的底图,图纸选择 A1 横板,所有打印设置同前面的案例,只是在"打印样式表"中将规划红线的线形色彩设置为红色。底图分别打印成"场地底图.EPS"和"植物底图.EPS"。

导入 PS 时设置分辨率为 200 ppi,将"场地底图"和"植物底图"合并,合并后的效果如图 5-1-61 所示。

3.2　制作各类绿地

关闭"植物底图"图层,新建"外围绿地"、"休闲绿地"、"生产绿地"三个图层,在"场地底图"图层依次选择三类绿地,设置三种绿色分别填充到相关图层中。参照"休闲广场景观总平面图"案例中微地形的做法做出微地形效果,注意微地形效果的规律是高程越高颜色越浅。制作的效果如图 5-1-62 所示。

3.3　制作各类道路

新建"园外主路和园区车行路"图层,在"场地底图"图层中选择红线外主路、红线内车行路区域,回到新建的图层中并用深灰色填充;新建"交通广场"图层,在"场地底图"中选择各个圆

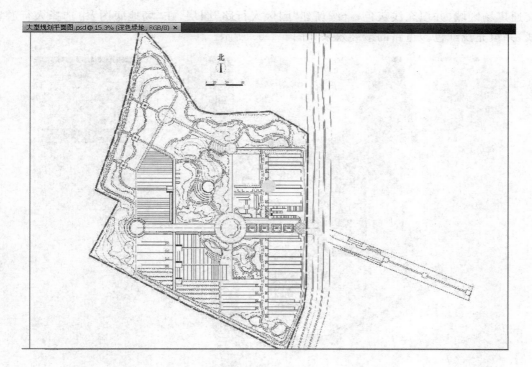

图 5-1-61

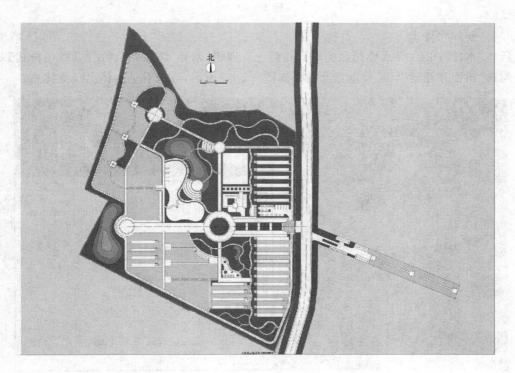

图 5-1-62

形交通广场区域,并填充浅灰色;继续新建"园区人行路"图层,在"场地底图"中选择人行游览路线,并填充浅红色。道路的最终效果如图 5-1-63 所示。

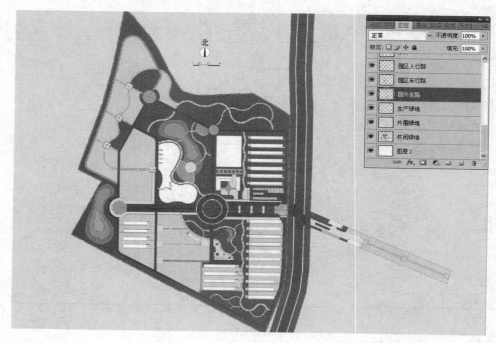

图 5-1-63

3.4 制作水体

新建"水体"图层,在水体选区中填充浅蓝色。双击"水体"图层,在弹出的【图层样式】对话框中勾选"斜面和浮雕",参数设置及效果如图 5-1-64 所示,可以看见水体出现立体感。

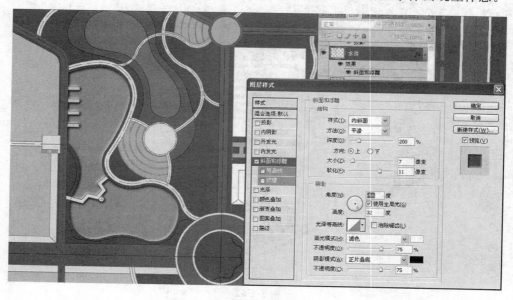

图 5-1-64

3.5　制作温室建筑

新建"温室"图层,将水体色彩填充到温室选区中,按数字键＜6＞,设置图层透明度为"60％"。然后在温室图层上双击,在弹出的【图层样式】对话框中设置温室投影,参数及效果如图 5-1-65 所示。

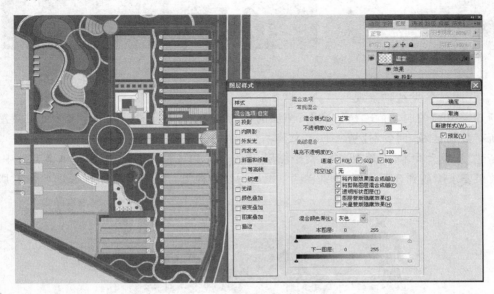

图 5-1-65

3.6　制作园区各类休闲建筑

新建"建筑"图层,设置前景色为橙红色,在"场地底图"图层中选择全部的园区建筑,回到"建筑"图层,按＜Alt＋Del＞键用前景色填充建筑选区,用同样地方法给建筑设置投影,建筑布局和效果如图 5-1-66、图 5-1-67 所示。

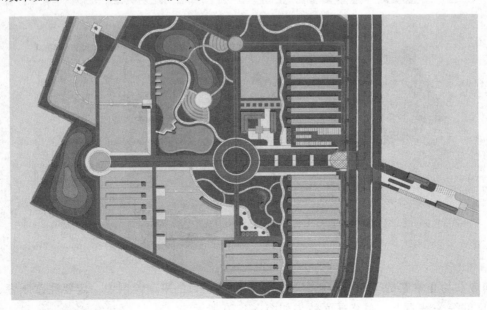

图 5-1-66

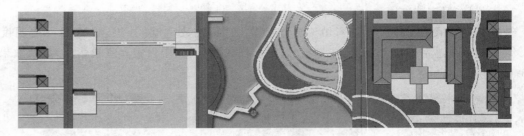

图 5-1-67

3.7   制作各类植物景观

新建"片植"图层,打开"植物底图"图层前面的小眼睛,使其处于可视状态,使用魔棒工具选择所有片植区域,回到"片植"图层,为其填充深绿色。

新建"景观大乔木"、"景观灌木"两个图层,制作一个单体植物图例,拖拽到本案文件中,根据设计效果要求缩放到合适比例,分别在两个图层中复制种植。效果如图 5-1-68、图 5-1-69 所示。

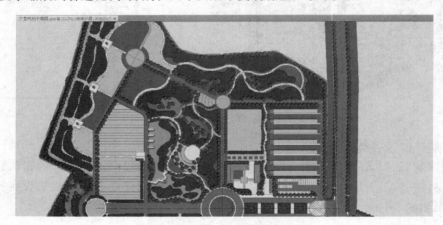

图 5-1-68

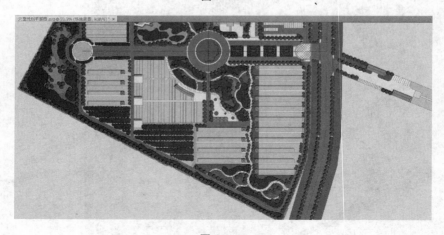

图 5-1-69

到现在为止本案的平面制作已经完毕。在此类项目的平面绘制中一定要注意顺序、色彩、层次、比例等关键要点。最终平面效果如图 5-1-70 所示。

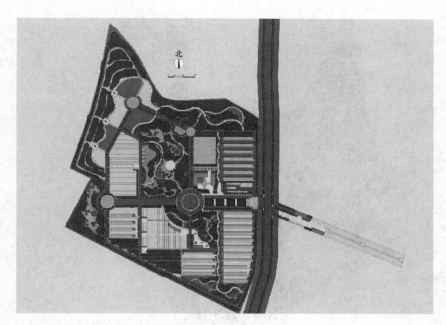

图 5-1-70

在 PS 中还可以将正常的彩平处理美化为其他风格的平面效果。下面我们介绍处理成水彩效果的方法。

将"大型规划平面图.psd"文件另存为"大型规划平面图.jpg"文件并打开该文件,在"背景"图层上新建一个图层,设置前景色为中灰色,(RGB 值为 168,168,168),按<Alt+Del>键将此前景色填充到新图层上,选择工具箱中的"历史记录艺术画笔" 工具,调整画笔直径为"30"(快捷键:<[>或<]>),在填充灰色的新建图层上按住画笔反复涂抹,会发现画笔周围变得模糊了,将全部画面涂抹完成后水彩效果呈现出来。为了使效果更佳,选择菜单栏的【图像】/【调整】/【色相/饱和度】命令(快捷键:<Ctrl+U>),设置饱和度为"20"。处理后的效果如图 5-1-71 所示。

4. 方案分析图的制作

4.1 景观功能分区图的制作

景观功能分区是方案汇报中非常重要的环节,合理的功能分布是优秀方案的重点所在。清晰明了的功能分区图能让人对场地结构一目了然,它的制作就需要绘制者把握好方案的特点,搭配对比适当的色彩。本案以"小型居住区平面"为例演示分析图的制作方法和过程。

4.1.1 处理彩色底图

运行 Photoshop CS5,打开"居住区景观平面.jpg"文件(快捷键:<Ctrl+O>),按工具箱中的裁切工具按钮 (快捷键:<C>)将图面周围的白边裁切掉。

在菜单栏中选择【图像】/【调整】/【色相/饱和度】(快捷键:<Ctrl+U>),在弹出的【色相/饱和度】对话框中调整参数,降低彩平的饱和度和调高明度。调整参数和效果如图 5-1-72 所示。

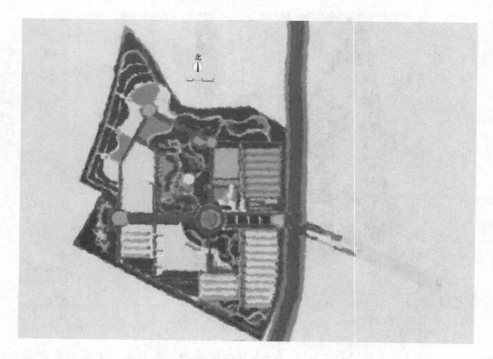

图 5-1-71

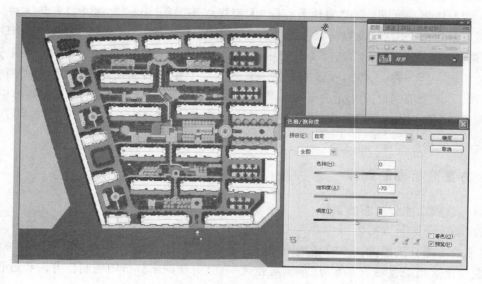

图 5-1-72

4.1.2　建立泡泡选区

新建一个图层 1,选择工具箱中的圆形选区◎命令,按住<Shift＋Alt>键在人行入口沿中心点绘制选区并填充红色,按数字键"6",设置图层透明度为"60％"。绘制的图像前后对比效果如图 5-1-73 所示。

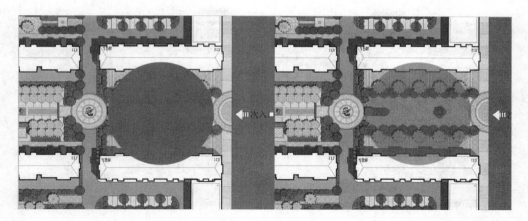

图 5-1-73

4.1.3　设置色彩和画笔

设置前景色为白色(比较快捷的方式是按<D>键设置前景色背景色分别为黑白色,再按<X>键将前景色设置为白色。),选择工具箱中的画笔工具(快捷键:<B>),单击画笔预设按钮![按钮],在【画笔预设】对话框中设置画笔形态、大小、间距,参数设置如图 5-1-74 所示,设置完成后关闭选项卡组。

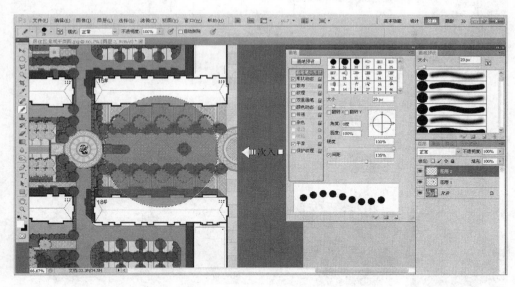

图 5-1-74

4.1.4　描边路径

新建图层,将其命名为"描边",将"图层 1"图层置为当前图层,按<Ctrl>键的同时单击该图层,将填充的红色圆形区域创建为选区,然后回到"描边"图层。激活【路径】命令面板,单击选项卡下面的从选区生成路径按钮![按钮],将圆形选区转换为路径。这时在路径命令面板中就添加了一条工作路径,如图 5-1-75(左)所示,激活该路径,单击右键,在弹出的菜单中选择"描边路径",圆形路径即用白色虚线画笔进行了描边,最终效果如图 5-1-75(右)所示。

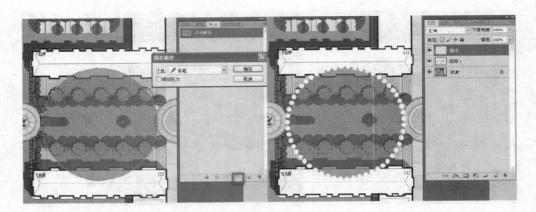

图 5-1-75

　　继续在"图层 1"上创建圆形选区，填充色彩。场地的功能不同，填充的色彩也应不同，空间尺度不同，选区大小也不同，然后在"描边"图层上用同样的方法进行路径描边。泡泡图制作完毕后的位置和效果如图 5-1-76 所示。

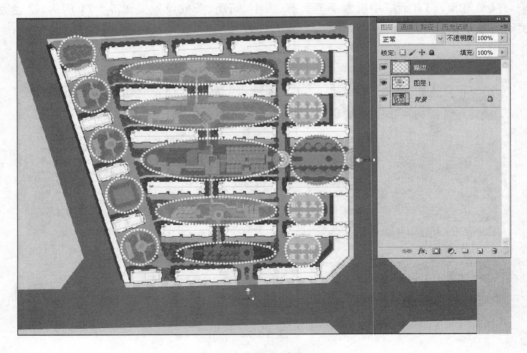

图 5-1-76

　　路径描边前，画笔工具参数不需要每次设置，在选区绘制好后直接激活画笔工具即可。如果所有泡泡选区没有重叠，可以在所有选区制作好后，最后统一描边；如果选区有重叠的话必须每做一个选区就需要描一次边。

4.1.5　进行文字标注

泡泡图制作完成后,需要根据空间功能标注上文字。标注的方式常用的有三种:第一种是直接在泡泡上添加文字(图 5-1-77);第二种是用引出线的方式进行标注(图 5-1-78);第三种就是用图例的方式进行标注(图 5-1-79)。

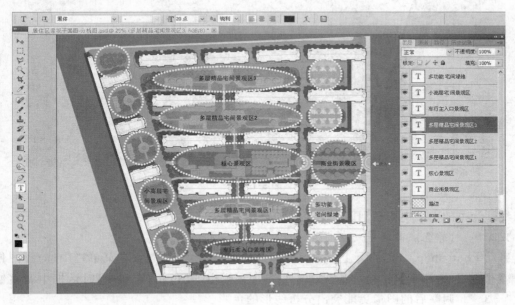

图 5-1-77

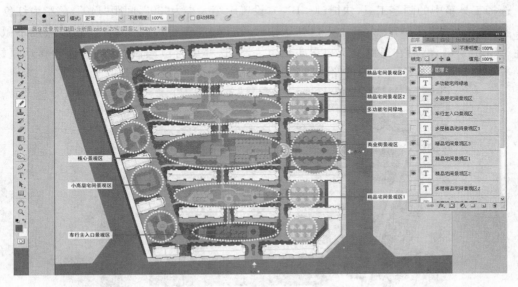

图 5-1-78

标注完毕后将文件另存储为 JPG 格式文件。

4.2　交通分析图的制作

交通分析图的内容主要是通过车行、人行、游览流线的绘制让人明确园区的交通组织。这

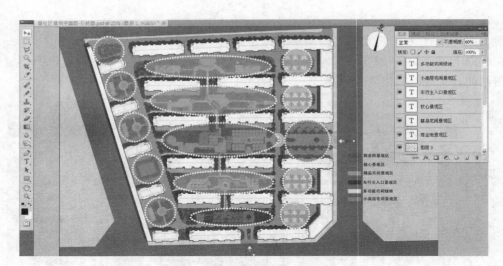

图 5-1-79

类以线性为主的图纸主要是利用画笔工具和路径工具。

4.2.1　对彩色底图进行处理

启动 Photoshop CS5，打开上节裁切处理过的居住区景观平面，在菜单栏中选择【图像】/【调整】/【色相/饱和度】(快捷键:<Ctrl＋U>)，在弹出的【色相/饱和度】对话框中调整饱和度为"－35"。调整后的图像更能突出分析线形的色彩。

4.2.2　车行流线的绘制

选择工具箱中的画笔工具(快捷键<B>)，设置画笔大小为"30"，间距"140"，色彩为红色。

新建"车行线"图层，从车行主入口开始按照设计好的车行线路绘制，在起始点点下鼠标，按住<Shift>键，然后在道路交叉口尽头再点一次，这样就可以绘制直线了，继续移动鼠标到下一个交叉口中线点绘。车行道路流线绘制效果如图 5-1-80 所示。

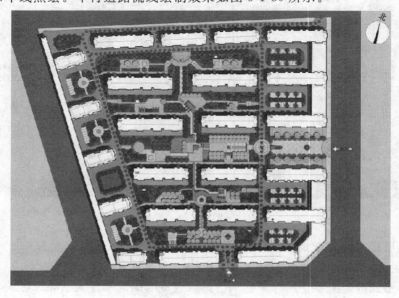

图 5-1-80

4.2.3　添加方向箭头

点击工具箱中的形状按钮[图标]，在车行主入口处绘制一个箭头路径，如图 5-1-81 左图所示。打开【路径】命令面板，单击下面的创建选区按钮[图标]，图中的路径即变成了选区，激活"车行线"图层，为此选区填充上红色，如图 5-1-81 中图所示。在菜单栏中选择【编辑】/【自由变换】命令（快捷键：<Ctrl＋T>），使用缩放命令，将箭头放在入口流线的起始部分，并且通过旋转缩放边框的方式调整方向，然后再在东北角临时出入口复制添加一个箭头。结果如图 5-1-81（右）所示。

图 5-1-81

4.2.4　周边停车流线的绘制

在本案中，东西侧楼间是多功能景观空间，都留有地面停车场地，而建筑底层也是车库。一般将这类场地的车行流线定义为停车流线。

新建"停车线"图层，选择工具箱中的画笔工具（快捷键<B>），设置画笔大小为"25"，间距"140"，色彩为粉色，从车行流线边缘开始绘制，与车行线构成环路。再创建一个"停车位"图层，用框选的方式选择场地内所有停车位，填充粉色，然后将"停车位"图层透明度设置为"40％"。全园停车流线如图 5-1-82 所示。

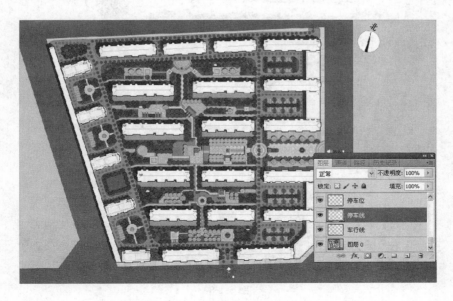

图 5-1-82

4.2.5　宅前路流线的绘制

选择画笔工具,设置画笔大小为"25",间距"140",色彩为蓝色。新建"宅前路"图层,按住
<Shift>键的同时,沿宅前路一端向另一端绘制直线。宅前路流线如图 5-1-83 所示。

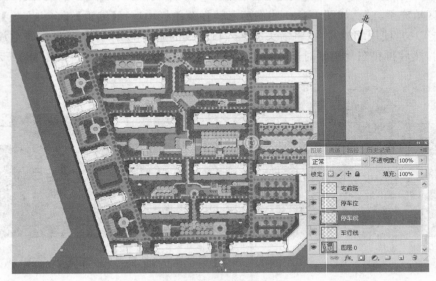

图 5-1-83

4.2.6　景观园路流线的绘制

设置画笔大小为"20",间距"130",色彩为黄色。新建"游园路"图层,按住<Shift>键,按
园路结构一段段的绘制,注意控制好流线的形状。所有流线绘制完毕后,要以图例的方式标示
出来。本案最终的效果如图 5-1-84 所示。

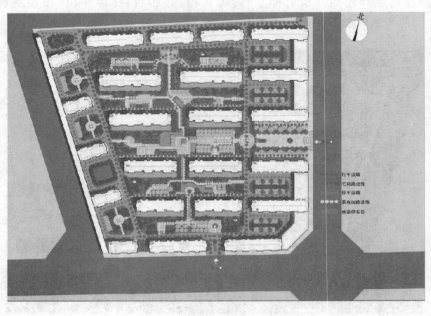

图 5-1-84

　　景观方案分析中还包括消防分析图、绿化分析图、功能空间分布图等,可根据方案设计思路绘制。表现方法同以上介绍的景观分区泡泡图和交通分析流线图。

任务 2　立面效果图的制作

样例:

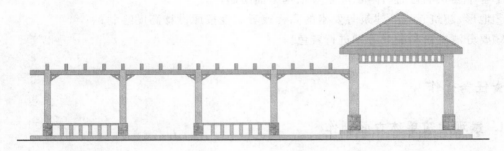

景观建筑单体立面图

景观植物立面图

景观场地立面图

学习领域
- 立面图绘制的要领;
- 主景与配景的色彩搭配。

工作领域
- 主要景观元素的立面图绘制。

行动领域

　　• 建筑单体立面、植物立面和场地立面图的绘制。

★ 任务知识讲解

　　景观设计立面图主要用于表现景观设计内容物,如建筑物、亭、台、楼阁、树木等在竖向上是如何与地形创造高低变化和协调统一的。

　　景观设计立面图的绘制要点是:

　　① 各个要素的位置、体量、配景等依据平面绘制;

　　② 地形、建筑、小品、建筑等要素的高程或者高度按原设计高度绘制;

　　③ 要分清主景和配景分别进行着色。

★ 任务操作

1. 景观建筑单体立面制作

1.1　底图的虚拟打印

　　在 AutoCAD 中虚拟打印出"亭廊立面图.EPS"文件,(CAD 底图文件在配套光盘/应用篇/项目五/案例底图文件夹中),图纸设定为 A3 横版。

1.2　PS 底图调整:

1.2.1　打开底图

　　启动 Photoshop CS5,打开"亭廊立面图.EPS",设置分辨率为 300ppi,模式为"RGB"。

1.2.2　添加背景层

　　创建一个新图层,还原前景色和背景色为黑白色(快捷键:<D>),按<Ctrl+Del>键将背景色白色填充到新建图层中,拖拽新图层到原"图层 1"之下作为背景层。

1.2.3　图线加深

　　在"图层 1"上单击右键修改其名称为"底图"。将"底图"图层拖拽到【图层面板】下面的新建图层按钮 上松开鼠标(快捷键:<Ctrl+J>),将图层复制几次,直到线形比较清晰为止。合并"底图"和所有复制的"底图副本"(快捷键:<Ctrl+E>),如图 5-2-1 所示。

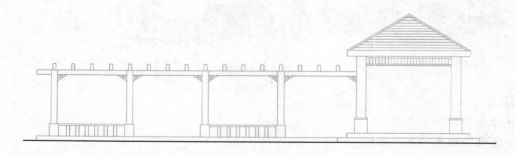

图 5-2-1

1.2.4　文件另存

单击【文件】/【存储为】(快捷键:<Ctrl+Shift+S>),将文件另存为"亭廊立面图.psd"文件。

1.3　制作建筑主体立面效果

1.3.1　选择材质

做景观建筑和小品的立面时需要很多细节,不能简单通过色彩来模拟,尽可能用真实材质来表现。本方案里亭廊的柱子为真石漆,廊的梁和亭的顶为木材质,柱顶石为文化石,台阶为花岗岩。材质如图 5-2-2 所示。

图 5-2-2

1.3.2　定义材质图案

打开"灰色真石漆.JPG"材质文件,单击菜单栏【视图】/【标尺】(快捷键:<Ctrl+R>),打开标尺,双击"背景"图层,将背景图层变为普通图层。单击菜单栏【编辑】/【自由变换】(快捷键:<Ctrl+T>),按住<Shift>键的同时拉动缩放范围框的右下角向左上移动,直到横向坐标为"300"为止,按回车键确认。如图 5-2-3 所示。

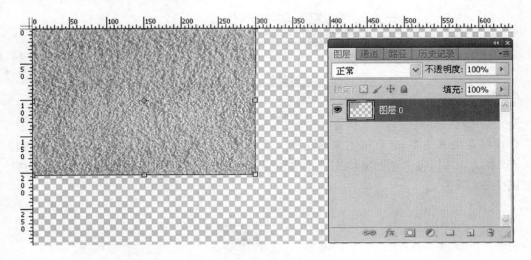

图 5-2-3

点击工具箱中的裁切工具(快捷键:<C>)只留下真石漆图案。然后单击菜单栏【编辑】/【定义图案】,将真石漆材质定义成图案,可以看到真石漆材质添加到 PS 的图案列表中了。将其余三种材质依次缩放并定义成图案:文化石材质横向坐标缩放到"200",花岗岩缩放到"150"。

1.3.3　填充材质图案

激活"亭廊立面图.psd",新建"材质"图层,在"底图"图层上用魔棒工具创建亭子和廊子的基础部分的选区,激活工具箱中的油漆桶工具,(快捷键:<G>,按一次<G>键,可能首先出现的是渐变工具,这时可以按<Shift+G>键就可以直接激活油漆桶工具了),在油漆桶的工具属性栏中选择填充形式为"图案",展开图案下拉菜单,刚才定义的几个材质图案就出现在选择栏中了,如图 5-2-4 所示。首先设置"材质"层为当前图层,选择花岗岩材质图案,将鼠标移动到选区中进行填充。结果如图 5-2-5 所示。

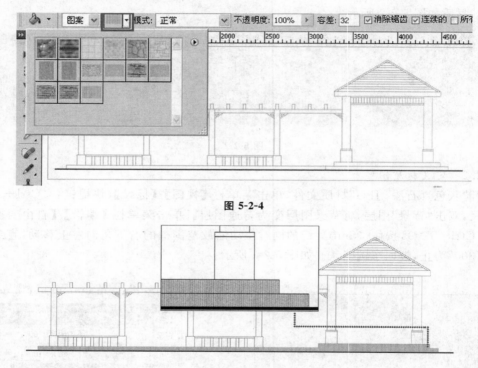

图 5-2-4

图 5-2-5

依次将花岗岩图案、真石漆图案填充到对应的结构中,效果如图 5-2-6、图 5-2-7 所示。新建一个"木纹"图层,将木纹图案填充在亭廊顶部选区中,并设置透明度为 80%,亭廊的最终效果如图 5-2-8 所示。

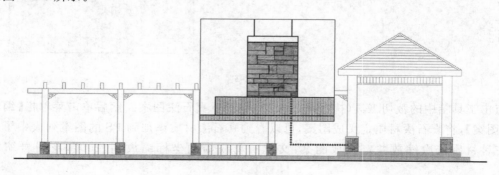

图 5-2-6

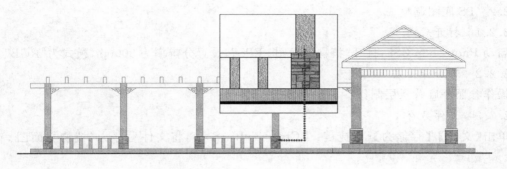

图 5-2-7

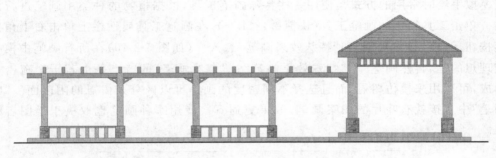

图 5-2-8

2. 植物景观立面制作

植物景观立面表现一般有两种方法。一种是在 CAD 中绘制底图，虚拟打印后再在 PS 中模拟手绘的方式进行处理；另外一种就是用现有的单体植物立面彩图按设计意图拼成一张植物景观立面图。一般情况下我们初期做的植物单株立面会保存成 PSD 文件，便于以后应用。本案我们将演示用 CAD 绘制植物立面底图，再在 PS 中制作彩图的过程如图 5-2-9 所示。

图 5-2-9

2.1　底图的虚拟打印

在 AutoCAD 中虚拟打印出"植物立面图 . EPS"文件（CAD 底图文件在配套光盘/应用篇/项目五/案例底图文件夹中），图纸设定为 A3 横版。

2.2 PS 底图调整

2.2.1 打开底图

启动 Photoshop CS5,打开"植物立面图.EPS",设置分辨率为 300ppi,模式为"RGB"。

2.2.2 添加背景层

操作参照亭廊背景层制作。

2.2.3 文件另存

单击【文件】/【存储为】(快捷键:<Ctrl+Shift+S>),将文件另存为"植物立面图.psd"文件。

2.3 画笔设置

在模拟手绘时常用的方式是使用一些特殊画笔工具,根据植物的种类用画笔进行涂抹和勾勒。单击工具箱中的画笔工具(快捷键:<B>),在画笔工具属性栏上单击右上角的载入画笔按钮 ,将"自然画笔"和"特殊效果画笔"载入。(如图 5-2-10)在所有画笔中模拟植物比较理想的是"自然画笔"和"特殊效果画笔"。"自然画笔"的特点是由若干个疏密不等的点构成,可以用来模仿树冠,而且选择不同密度的画笔可以区分开树冠的阴阳面。"特殊效果画笔"中直接就有叶片的图案画笔,效果更逼真。使用哪种画笔也取决于绘图者的表现习惯。

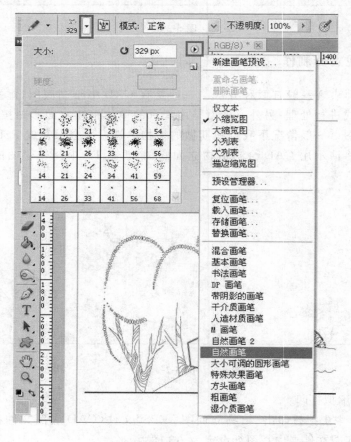

图 5-2-10

2.4　绘制主景乔木

　　首先建立新图层"浅色"和"深色",将前景色设置为浅绿色,选择第 29♯ 自然画笔,画笔大小为"200",在"浅色"图层上用画笔进行点画,注意不能拖拽,否则色彩会形成片状,影响效果,绘制的效果如图 5-2-11 所示。

图 5-2-11

　　设置前景色为深绿色,在"深色"图层中点画,重点表现树冠层次和明暗的变化,处理后的效果如图 5-2-12 所示,两株落叶主景观树绘制完成。

图 5-2-12

2.5　绘制配景乔木

　　选择第 35♯ "特殊画笔"(花瓣水晶),画笔大小为"30",设置前景色为浅绿色,将"浅色"图层置为当前图层,然后用画笔进行横向拖拽,底色打好后,设置前景色为深绿色,在"深色图层"上点画,绘出暗面,绘制的效果如图 5-2-13 所示。

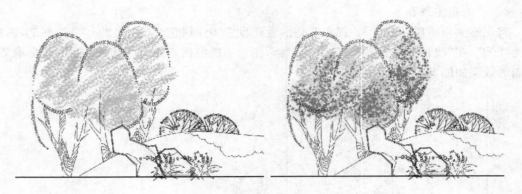

图 5-2-13

2.6　绘制背景植物

用上面介绍的方法定义合适的画笔和色彩,将画面中做背景的灌木、常绿表现出来,效果如图 5-2-14 所示。

图 5-2-14

用艺术画笔绘制植物效果,画笔大小要根据表现的层次随时进行变化,快捷方式是:放大画笔用<]>(右中括号)键,缩小画笔用<[>(左中括号)键。输入法状态是半角模式。

2.7　绘制彩色配景植物

本案例的彩色植物主要有两株红枫,两丛花卉。设置彩色时尽量不要用饱和度过高的色彩。绘制完成后的效果如图 5-2-15 所示。

图 5-2-15

2.8　绘制地形、植物带、树干

　　草地和大片的植物不适合用颗粒状的画笔完成,在画笔属性栏中载入"湿介质画笔",选择其中的水彩质感画笔,通过平铺适当留白的方式绘制地形、植物带、树干区域,主景树干的某些纹理要适当,可以突出植物的整体形象。本案中植物表现的最终效果如图 5-2-16所示。

图 5-2-16

3. 场地景观立面制作

　　场地立面一般用来表现某延长线上景观的立面结构,包括地形、建筑、植物等各个要素的构成关系。这类图内容多,层次丰富,常用色彩渲染各部分,基本不用表达太多的细节,所以场地景观立面的表达关键还是画笔的应用和色彩的搭配。本次绘制的案例如图 5-2-17 所示。

图 5-2-17

3.1　底图的虚拟打印

　　在 AutoCAD 中虚拟打印出"场地景观立面 . EPS"文(CAD 底图文件在配套光盘/应用篇/项目五/案例底图文件夹中)件,图纸设定为 A3 横版。

3.2　PS 底图调整

3.2.1　打开底图

　　启动 Photoshop CS5,打开"场地景观立面 . EPS",设置分辨率为 300PPI,模式为"RGB"。

3.2.2　添加背景层

操作参照亭廊背景层制作。

3.2.3　文件另存

　　单击【文件】/【存储为】(快捷键:<Ctrl+Shift+S>),将文件另存为"场地景观立面 . psd"文件。

3.3　建筑效果绘制

　　本案的建筑表现主要使用色彩填充的方式。根据设计原稿,建筑顶为红色瓦顶,墙面为沙黄色真石漆,檐口为浅灰色漆,建筑基础为红色砖石砌体。建筑局部的装饰比如栏杆扶手采用橙黄色。

3.3.1　绘制屋顶

将原"图层1"重新命名为"底图",点击工具箱中的魔棒工具(快捷键:<W>),在"底图"图层中选择建筑屋顶,设置前景色为橙红色,其参数为 R:220,G:78,B:34。新建图层"顶",将设置好的前景色彩填充到"顶"图层上。结果如图 5-2-18 所示。

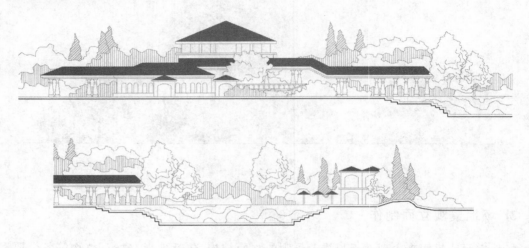

图 5-2-18

3.3.2　绘制基础和檐口

在"底图"图层中选择建筑基础、檐口和柱顶石区域,设置前景色为浅灰色,RGB 值分别为222,219,219。新建"基础"图层,将此灰色填充到选区中。

3.3.3　绘制建筑墙面

新建"墙面"图层,设置前景色为肉红色,其参数为 R:249,G:226,B:163。在"底图"图层中选择墙面,并将浅肉红色填充"墙面"图层的选区中。墙面和基础的效果如图 5-2-19 所示。

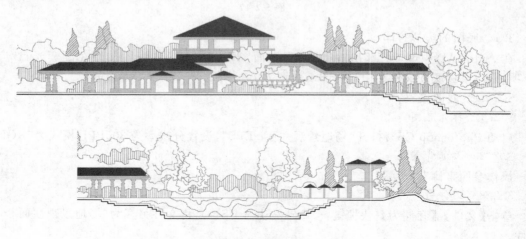

图 5-2-19

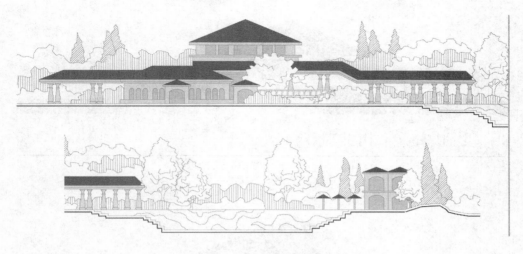

图 5-2-20

3.3.4　添加玻璃

设置前景色为浅蓝色,在"底图"中选择玻璃选区,新建"玻璃"图层,并将浅蓝色填充到"玻璃"图层中,结果如图 5-2-20 所示。双击"玻璃"图层,在弹出的【图层样式】对话框中勾选"斜面和浮雕",其参数设置如 5-2-21 所示,玻璃有了斜面的立体效果如图 5-2-22 所示。

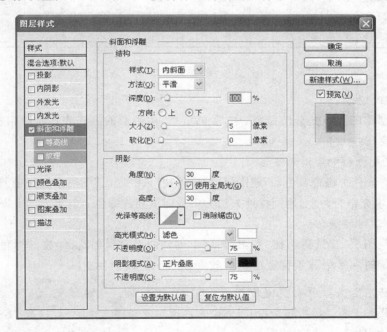

图 5-2-21

3.3.5　建筑楼梯的绘制

新建图层"楼梯",设置前景色为橙黄色,在"底图"图层上选择楼梯选区后将橙黄色填充到"楼梯"图层中,效果如图 5-2-23 所示。

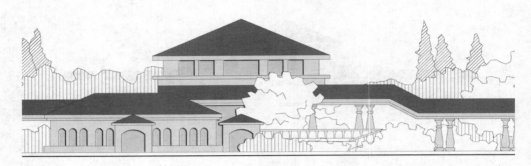

图 5-2-22

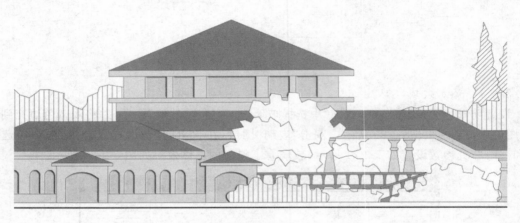

图 5-2-23

3.4 植物的绘制

植物效果制作的要点是分清楚前,中,后的层次,用色彩的方式表达常绿树和落叶树,用比较细致的手法突出主景树。

3.4.1 前景树和中景树的绘制

首先设置前景色为银杏黄色,新建图层"前中景树",在"底图"图层中选择前景树区域,在"前中景树"图层上填充银杏黄色,用同样地方法为中景树填充浅绿色。效果如图 5-2-24 所示。

3.4.2 背景树的绘制

再次创建新图层"背景树",在"底图"图层上创建两类背景树选区,将深绿色和蓝绿色分别填充到阔叶背景树和常绿背景树选区中。效果如图 5-2-25 所示。

在这样的场地立面图中很多植物在做 CAD 底图的时候就被填充上了纹理以便于区分不同的树种,导入 PS 后如果只用魔棒工具进行选取很浪费时间,所以,我们可以用定义不同画笔的方式进行手工上色。

3.4.3 制作前景树

用上节介绍的"使用画笔工具绘制景观树"的方法进行表现,但是为了和其他树种在视觉上协调,可以不必做太多的细节,树干则采用留白的方式。用"湿介质画笔"绘制,效果如图 5-2-26 所示。

图 5-2-24

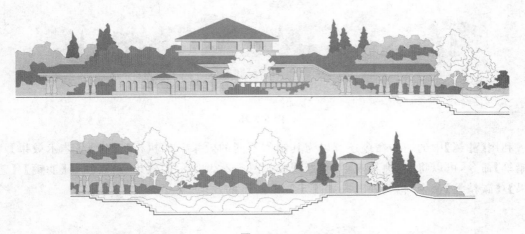

图 5-2-25

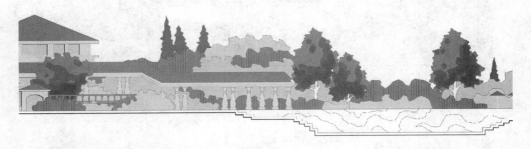

图 5-2-26

3.5　水体的绘制

在非写实性的立面图里，水的表达也很随意。用线条加色彩的方式是最常用的。本案采用"湿介质画笔"绘制。

创建"水体"图层，分别在"底图"图层中选择浅色区和深色区，填充后"浅蓝"和"深蓝"颜色后用湿介质画笔勾勒重点。效果如图 5-2-27 所示。

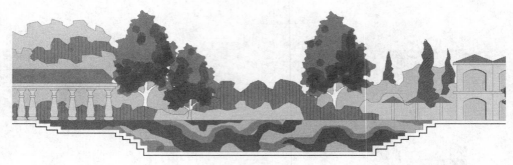

图 5-2-27

　　场地立面的内容已经完成，为了让场景更为生动，可以用湿介质画笔绘制出蓝天效果，场地立面图的最终效果如图 5-2-28 所示。

图 5-2-28

　　利用【滤镜】中的一些命令还可以为其制作不同的效果。如执行【滤镜】/【艺术效果】/【粗糙蜡笔】命令，可以将"场地景观立面"处理成如图 5-2-29 所示的效果；或者执行【滤镜】/【艺术效果】/【碳精笔】命令，将其处理成如图 5-2-30 所示的效果。

图 5-2-29

图 5-2-30

任务3　效果图的制作

样例：

居住区景观透视效果图

广场景观透视效果图

居住区游园鸟瞰效果图

学习领域

- 景观透视图制作的基本步骤；
- 景观鸟瞰图的制作的基本步骤；
- 景观配景添加的要领；
- 特殊效果的表现技法。

工作领域

- 景观透视效果图的制作；

• 景观鸟瞰图的制作。

行动领域

　　• 居住区景观透视图的制作；

　　• 广场景观透视图的制作；

　　• 居住区游园鸟瞰效果图的制作。

★任务知识讲解

　　园林景观效果图有鸟瞰效果图和局部透视效果图两种。鸟瞰效果图的相机视点比较高，主要反映园林设计场地的整体布局，给业主提供更直观的画面效果；而园林局部透视效果图的相机视点与人的视点基本相同，让人有身临其境之感，主要反映设计中精彩部分的景观效果。局部透视效果图和鸟瞰效果图的视角和视域的选择和确定是至关重要的，表现内容一定为景观主体。用于制作景观效果图常用的工具软件是 3 D MAX 和 SketchUP，这两款软件的共同特点都是模型表现细腻，可以对同一场景渲染不同角度，渲染之后的模型图都需要通过 PS 做后期处理，才能达比较真实的场景效果。

　　用 PS 做模型的后期效果图处理有几个关键要点：第一，拥有素材丰富的后期处理要素图库，包括地形、树木、水体、人物、雕塑等；第二，绘制者本身有较高的艺术素养，能根据原方案灵活处理遇到的问题；第三，绘制者对构图、取景、景深层次的把握有一定基础，用现有的图库资源完成相对完美的作品；第四，对色彩有独到的见解，能掌控图面的色彩变化，甚至能做特殊表现。所有这些若通过 PS 表现，那么对这款软件的熟练程度、应用技巧和自我经验总结也非常重要。本章中用 PS 处理不同场地、不同角度的效果图时就用应用到一些技巧，请仔细琢磨学习。

★任务操作

1. 居住区景观透视效果图制作

　　本案案例在配套光盘/应用篇/项目五/案例底图/居住区透视图文件夹中，包括"居住区透视图 . bmp"和该场景的通道图"居住区透视图 . tga"。

　　1.1　模型图和通道图的合并

　　通道图是基于 3Dmax 的重要渲染插件 VARY 伴随原模型图渲染出来的，通道图的内容就是所创建模型的色块，目的是在用 PS 处理图像时便于随时选择需要处理的区域。如图5-3-1所示，左图为模型图，右图为其通道图。

　　启动 Photoshop CS5，单击菜单栏【文件】/【打开】命令（快捷键：＜Ctrl＋O＞），在刚才指定的文件路径下找到并同时打开"居住区透视图 . bmp"和通道图"居住区透视图 . tga"。选择"居住区透视图 . tga"为当前文件，单击工具栏中的移动命令（快捷键：＜V＞），按住＜Shift＞键的同时，拖拽鼠标将通道图像移动到"居住区透视图 . bmp"文件中，结果是两个图像完全重合在一起。然后关闭原"居住区透视图 . tga"文件。

　　在"居住区透视图 . bmp"文件的"背景"图层上双击，修改其名称为"模型"，将拖拽进来的

图 5-3-1

"图层 1"命名为"通道"。在以后的处理中保持"通道"图层始终在图层列表的最上方,这样在以后图层越来越多的情况下就可以在不用关闭任何图层的情况下更方便的选择通道色彩了,但每次选择完色彩创建出选区后都要单击图层控制条前的 👁 关闭此通道图像。合并的文件和图层设置如图 5-3-2 所示。

图 5-3-2

1.2 模型图的初步处理

本案中的场地是某居住区的一小游园局部,而且是位于地下车库之上,所有场地中有特殊结构就是地下车库的采光井,其他场地内容见图 5-3-3。在进行后期处理前,一定要对场地内容和将要呈现的效果做到心中有数。

3D 中渲染的图像有些模糊,边缘不够清晰,色彩也不够分明,需要对图像进行锐化、色彩调整、明暗调整后才能真正开始后期制作。

1.2.1 锐化图像

PS 锐化用的工具,也叫 USM(unsharp mask),其实是使物体边线左右反差增强,看起来好像锐化清晰了。锐化的强弱多少(USM 的参数),取决于成像的图幅、用途(网上发布或是

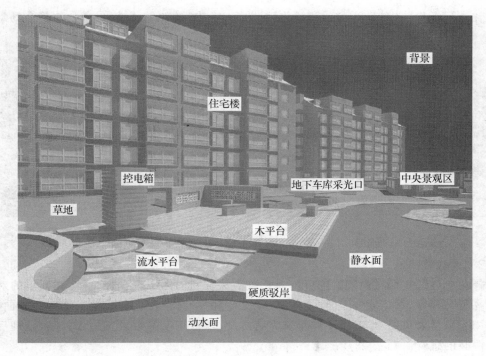

图 5-3-3

打印）等因素，画质的好坏由人的眼睛确定，并没有客观标准，最基本的要求就是不要看出太明显的增锐痕迹。为了保险起见，使用这样全景处理特效时通常会将原"模型"图层复制一个，在复制图层上做锐化处理，如果过程中出现失误，可以回到原图层重新复制增效。用前面介绍过的方法为"模型"新增一个"模型副本"图层（快捷键：<Ctrl＋J>），在"模型副本"上使用菜单栏中的【滤镜】/【锐化】/【USM 锐化】命令，参数设置如图 5-3-4 所示。

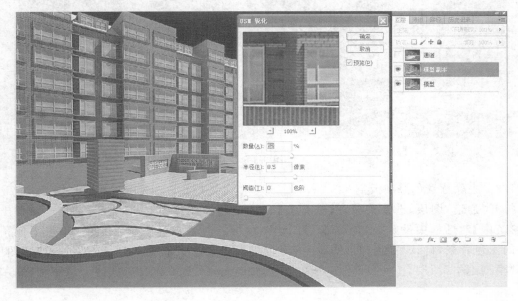

图 5-3-4

对比一下锐化前(图 5-3-5 左)和锐化后(图 5-3-5 右)的效果,【锐化】命令使整个场景更清晰了。

图 5-3-5

1.2.2　明暗调节

选择菜单栏【图像】/【调整】/【亮度/对比度】(快捷键:<Alt+A+C>),在弹出的对话框中设置亮度"+30",对比度"+10"。【亮度/对比度】的参数设置也需要根据场地的方向、需要表现的阳光强度来决定,本案中主体建筑为南向,所以将亮度参数设置的比较高,处理后让人有活跃温暖的感觉。

另外【曲线】命令也能达到提高亮度的效果,但是不是提亮所有画面,它能让亮面更突出,暗面更明显。使用哪种命令改善原图灰暗的现状主要依据绘图者的经验和习惯。经过明暗调节后的图像如图 5-3-6 左所示,未提亮前的对比如图 5-3-6 右所示。

图 5-3-6

1.3　去除背景色添加天空

打开"通道"图层,选择菜单栏【选择】/【色彩范围】(快捷键<Alt+S+C>),在弹出的【色彩范围】对话框中设置"本地容差"为"80",鼠标这时显示为吸管,用吸管单击图像预览框中的黑色背景,确认后"通道"图层中的黑色背景就被选中了,关闭"通道"和"模型"图层,选择"模型副本"图层,按<Del>键删除黑色,按<Ctrl+D>键取消选区。结果如图 5-3-7 所示。

图 5-3-7

　　天空的添加可以直接拖拽进来一张天空图片，也可以使用渐变工具自制天空。本案中使用渐变工具自制天空。新建图层"天空"并将其设置为当前图层，将此图层移动到"模型副本"图层下面。选择工具箱中的渐变工具 ▣（快捷键：＜G＞），在渐变工具属性条中单击 ▭ 弹出【渐变色编辑器】，双击采色条左边的墨盒图标 ⌂，设置天空远端为白色偏蓝，RGB 为 235,238,242，双击右边的图标 ⌂，设置天空近端为天蓝色，RGB 为 185,203,239，按确认完成设置。这时鼠标变为一个小十字，拉动鼠标自天空位置的下端左上拖拽一下，渐变天空出现，其设置和天空效果如图 5-3-8 所示。

图 5-3-8

1.4　置换草地

　　打开文件名为"草皮 01.tif"的草地文件（目录为配套光盘/应用篇/项目五/材质库），将草地拖拽到居住区效果图中，将此图层命名为"草地"，按下＜Ctrl＞键的同时点击"草地"图层。将其设置为选区，再按＜Alt＞键并移动该选区，将草坪同层复制一份，使草坪覆盖整个模型的草坪区域，效果如图 5-3-9 所示。

　　关闭"草地"图层，在"模型 副本"图层上选择草地区域，然后打开"草地"图层并设为当前图层，选择菜单栏【选择】/【反向】（快捷键＜Ctrl＋Shift＋I＞），反选草地以外的部分，删除后

就剩下草地了,按<Ctrl+D>取消选区,草地最终效果如图 5-3-10 所示。

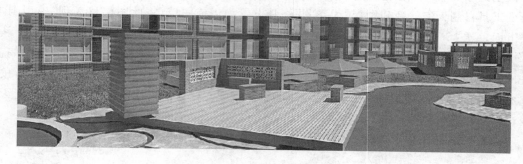

图 5-3-10

1.5　制作水体

本方案的水体景观为卵石铺底的浅水面,在动水和静水之间用山石做成自然山石驳岸。采用的水体和石头素材文件均在配套光盘中(目录为配套光盘/应用篇/项目五/材质库)。打开光盘中的"水面.jpg"文件,将其拖拽到场景文件中,更该图层名称为"水面",同层水平复制一个水面,左侧有水面未覆盖的区域,可以用矩形选框工具选择一部分,向上拉动缩放边框,如图 5-3-11 所示。在"通道"图层中选择动水区,在"水面"图层上进行反选,删除多余部分,效果如图 5-3-12 所示。

仔细观察两个被复制的水面处有明显的接缝(图 5-3-13 左),需要使用仿制图章工具进行弥补,单击工具箱中的仿制图章工具 ▣ 按钮(快捷键:<S>),按住<Alt>键,鼠标变成一个靶心形状,然后用鼠标在接缝左侧选择一个仿制起点,松开<Alt>键,鼠标变为一个圆圈,按住鼠标以接缝为中心左右涂抹。使用仿制图章工具修复的接缝效果如图 5-3-13 右所示。值得注意的是我们不能总在一个地方进行仿制,否则会让这个接缝看起来呆板不自然,所以,我们需要反复设置几次仿制的起始点,每次起点都不一样,这样接缝处就变化很大而不明显了。

继续处理静水面部分。重新打开"水面.jpg"文件,将其拖拽到场景文件中,并改名为"水面 1",以近大远小的方式同层复制,直到水面覆盖住了所有应该有水的地方如图 5-3-14(上)所示,然后选择静水选区,在"水面 1"图层上反选删除多余部分,结果如图 5-3-14(下)所示。

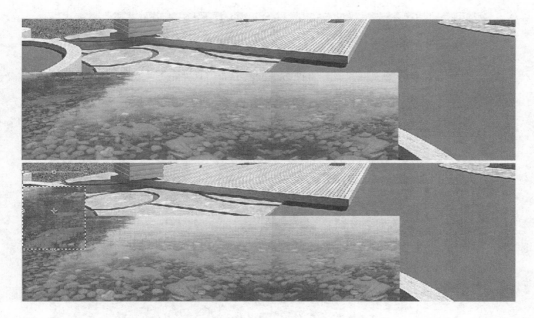

图 5-3-11

图 5-3-12

图 5-3-13

图 5-3-14

1.6　添加驳岸和景石

1.6.1　驳岸和景石的处理

打开配套光盘素材库中的"群石.psd"文件,将其中适合本场地的驳岸石和汀步石拖拽到透视图中,经缩放后放到合适的位置,如果和透视图中的场地发生冲突时,应该将被场地挡住的石头部分用"多边形套索工具"选中并删掉,效果如图 5-3-15 所示。

图 5-3-15

　　打开配套光盘素材库中的"驳岸.psd"文件,选择其中的水草,拖拽到场景文件合适的位置上,一定要注意图层先后顺序,实现石头与水草遮挡或者突出的关系,调整后将水草和石头合并图层以节省空间,合并后的图层命名为"驳岸1"。效果如图 5-3-16 所示。

图 5-3-16

　　继续选择驳岸石,处理动水区和静水区的硬质驳岸,选用的石头在色彩和明暗上如果不适合场景,应使用【曲线】、【色彩平衡】或者【亮度/对比度】进行细致的调节,石头之间适当留下溢水口,然后在石缝间添加一点水草让画面更生动,完毕后合并所有驳岸石和水草,命名图层为"驳岸 2",结果如图 5-3-17 所示。

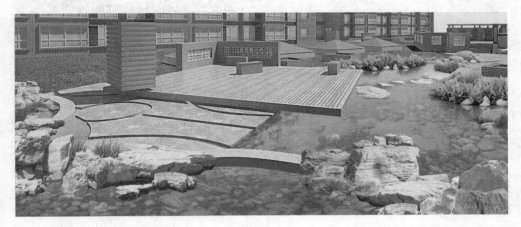

图 5-3-17

1.6.2　水与石头接触点的细节处理

　　首先是处理石头边缘,操作方法是使用多边形套索工具,设置羽化值为"20",沿石头和水的接触线画出选区,如图 5-3-18(上),之后连续按两次删除键,边缘会变得软化模糊,显得与水自然结合,结果如图 5-3-18(下)。

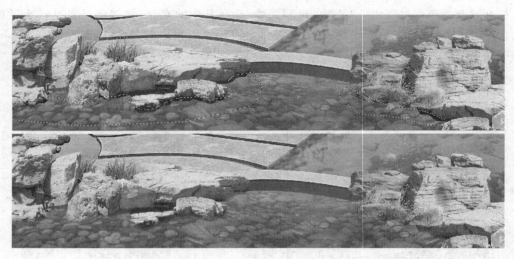

图 5-3-18

1.6.3　石头倒影的制作

复制"驳岸 2"图层(快捷键:<Ctrl+J>),将复制的"驳岸 2 副本"图层移动到原"驳岸 2"图层以下,选择菜单栏的【编辑】/【变换】/【垂直翻转】命令(也可以用快捷键<Ctrl+T>执行缩放命令,然后在缩放选框内右键单击,选择"垂直翻转"),得到倒置的驳岸石后微调其位置,将该图层的透明度设置为 30%(快捷键:数字<3>),水中就出现了模糊的倒影了。倒影效果如图 5-3-19 所示。

图 5-3-19

1.7　添加植物

1.7.1　添加乔木

打开配套光盘素材库中的"乔木.psd"文件,选择一个高大乔木拖拽到透视图中作为基调树种,图层命名为"乔木",将树木进行色彩初步调整后放在适合的地方,然后按住<Alt>键进行复制,注意近大远小的规律。结果如图 5-3-20 所示。

继续拖拽乔木,作为中心景观区主景树,与原场地建筑重合的地方用多边形套索工具套选删除,结果如图 5-3-21 所示。再选择一个常绿树种在场地中进行复制,要求高低错落有致,远近尺度适宜,结果见图 5-3-22 所示。

图 5-3-20

图 5-3-21

图 5-3-22

1.7.2 添加背景树

打开素材库中的"配景树.psd"文件,将一个配景素材树拖拽到透视图中,原来的配景树偏黄,使用【图像】/【调整】/【色彩平衡】将其色彩调整偏蓝绿色,修改图层名称为"背景树",然后将此"背景树"图层移动到"天空"图层之前,缩放到大小合适后,设置图层透明度为 60％。结果如图 5-3-23 所示。

图 5-3-23

1.7.3　添加花灌木和地被植物

在材质库的"灌木.psd"中选择适合的花灌木和灌木球添加到场景中,如图 5-3-24 所示。

图 5-3-24

1.8　整理细节

对于透视图来讲很多细节不容忽视,比如本图中的树池中需要添加灌木绿篱,前景木平台在水中需要有倒影等。虽然这些细节可以在前面统一完成,这里主要是提醒作图者在制作后期一定要检查图面有没有需要继续弥补的地方。

1.8.1　添加树池中的花蔂

在"灌木.psd"文件中选择一个花篱拖拽到透视图中,缩放大小后放在树池中,前后效果对比如图 5-3-25 所示。

图 5-3-25

1.8.2　制作平台倒影

将"模型 副本"图层置为当前图层,使用套索工具将平台的立边创建成选区,按<Ctrl+C>键复制选区,再按<Ctrl+V>键粘贴,立边形成一个新图层,将此图层用键盘上的向下移动键进行移动,不适合的地方用缩放或者旋转方式进行调整,设定透明度为"50％"。为了让水中的倒影看起来更逼真,给倒影图层添加【滤镜】/【扭曲】/【波纹】命令,设置数量参数为"78",让边缘稍有波纹就可以了。倒影前后的效果如图 5-3-26 所示。

图 5-3-26

1.8.3　添加树影

打开素材库中的"配景树.psd"文件,将里面的一个树影拖拽到透视图中,根据场景中乔木的位置和阳光的方向处理树影的位置和大小。处理前后的效果如图 5-3-27 所示。

1.9　添加人物

打开素材库中的"配景.psd"文件中,拖拽几个人物到透视图中,参照图中小品尺寸调整人的高度,见 5-3-28 左图;复制人物图层,将图层副本填充黑色,然后按<Ctrl+T>键进行变换,见图 5-3-28 中图;在缩放框内单击右键选择"扭曲"命令,拖拽扭曲角点将黑色人物图层进

图 5-3-27

行扭曲变形,得到地面上的人物投影,并将投影透明度设置为"60％",结果如图 5-3-28(右)所示。

图 5-3-28

用同样的方法添加另外一组坐姿人物。整个透视图效果如图 5-3-29 所示。

至此,透视效果图基本完成,但"模型"图层还是显得有些单调,明暗过于均匀,使用【加深】命令在水岸平台处沿着木纹方向不规则加深,对于建筑则用【减淡】工具调亮楼顶。为了活跃空间还可以添加一些飞鸟游鱼或者喷泉等。本案的最终效果如图 5-3-30 所示。

2. 广场透视效果图制作

2.1　模型图和通道图的合并

启动 Photoshop CS5,打开"广场透视图 . bmp"和该场景的通道图"广场透视图 . tga"(配套光盘/应用篇/项目五/案例底图/广场透视图),如图 5-3-31 所示,用鼠标拖拽"广场透视图 . tga"文件中的通道图像到"广场透视图 . tga"透视图 . bmp 中,然后关闭原"居住区透视图 . tga"文件。

在图层命令面板中双击"背景"层,将其命名为"模型",将拖拽进来的通道图所在图层命名为"通道",在以后的作图过程中始终保持"通道"图层在图层列表的最上方。

图 5-3-29

图 5-3-30

图 5-3-31

2.2 模型图的初步处理

本案中的场地是某大学校园的文化广场,后期处理的要点是树木层次和添加建筑背景。设置"通道"图层为当前图层,在工具箱中选择魔棒工具(快捷键:<W>)在图像上单击背景黑色区域,然后设置"模型"图层为当前图层,按<Del>键删除背景。

为"模型"图层复制一个"模型 副本"图层(快捷键:<Ctrl+J>),关闭"模型"图层,设置"模型 副本"图层为当前图层,对场景色彩和明暗进行微调。首先选择【滤镜】/【锐化】/【USM 锐化】,设置数量为"30",半径为"5";然后选择【图像】/【调整】/【色彩平衡】(快捷键:<Ctrl+B>),设置参数偏黄"-28"。微调后的画面更清晰,色彩微暖。

2.3 添加背景

本方案地段周围多是学院建筑,调进来的背景需要调整到合适大小才会让人感觉场地纵向延伸很长,有宽阔感。若建筑太大,显得空间会很压抑和狭小。

2.3.1 天空背景

打开"配套光盘/应用篇/项目五//材质库"中名为"配景天空.psd"的文件,将该文件中的图像拖拽到广场透视图中进行适当缩放,并将此图层命名为"天",如图 5-2-32 所示。

图 5-3-32

2.3.2　建筑背景

打开"配套光盘/应用篇/项目五∥材质库"中的"配景建筑 . psd"文件,将该文件中的图像拖拽到广场透视图中,并将此图层命名为"建筑"。但是仔细观察建筑的光照方向与效果图中正相反,如图 5-3-33 左图所示。选择菜单栏中【编辑】/【变换】/【水平翻转】(快捷键:＜Ctrl＋T＞,再在缩放框内单击右键选择"水平翻转"),建筑的方向就调整好了,如图 5-3-33 右图所示。

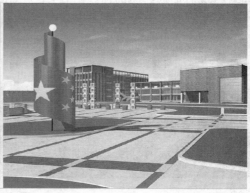

图 5-3-33

如果效果图中的建筑不作为重点表现,且距离视觉中心比较远,可以通过设置透明度的方式弱化。本案中"建筑"图层的透明度设置为"80％"。

2.4　替换草坪

打开素材库中的"草皮 02. tif",将草皮拖拽到透视图中,命名图层为"草",调整该图层位于"模型 副本"之上,对其适当放大后覆盖整个需要草皮的地方,如图 5-3-34 左图。打开【色彩平衡】对话框,将色彩设置偏绿"＋18"。打开并激活"通道"图层,用魔棒工具选取绿色草地区域之后再次关闭"通道"图层,设"草"为当前图层,选择菜单栏中【选择】/【反向】(快捷键:＜Ctrl＋Shift＋I＞),然后删除非草地部分,结果如图 5-3-34 右所示。仔细观察草皮,近端粗糙,远端细腻。

图 5-3-34

2.5 调整局部场景建筑

将透视图放大,显示左侧景墙,可以看到景墙的色彩比较灰暗。根据原设计景墙主体材料为卵石,纹理是通过不同色彩的卵石拼铺的波浪。我们需要通过建立路径选区的方式进行处理。将"模型 副本"图层设为当前图层,选择工具箱中的钢笔工具(快捷键<P>),这时鼠标变换为笔尖形式,自景墙的左边起绘制一封闭折线路径,结果如图 5-3-35(左)所示。然后选择转换点⟨工具,在视图中按住折线上端的折点拖拽,折点变成了带有平衡棒的平滑点。重复对点进行转换,最后形成封闭的曲线路径,结果如图 5-3-35 右所示。

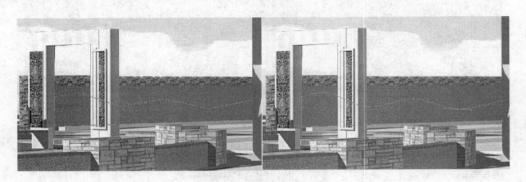

图 5-3-35

打开【路径】命令面板,按下面的创建选区按钮⟨⟩,图面中的路径转换为选区,选择工具箱中的矩形选框工具(快捷键<M>),选框状态设置为减法形式⟨⟩,沿框景门和景墙重合的地方绘制一个矩形选区,去掉曲线选区中不需处理的部分。

打开【色彩平衡】对话框(快捷键:<Ctrl+B>),调节选区内的色彩,参数设置和效果如图 5-3-36 所示。

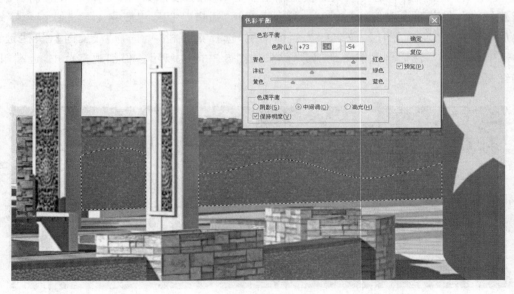

图 5-3-36

打开【色相】/【饱和度】对话框（快捷键：<Ctrl＋U>），调节选区的明度，参数设置和效果如图 5-3-37 所示。

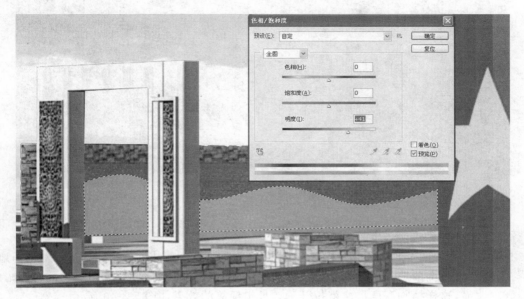

图 5-3-37

2.6　添加植物

2.6.1　添加乔木

打开素材库中的"配景.psd"文件，拖拽几种背景树木放置在背景建筑前，树木图层的透明度设置为"80％～90％"，效果如图 5-3-38 所示。

图 5-3-38

打开素材库中的"乔木.psd"文件，拖拽一种丰满树冠的树木作为场地主景树。复制的规律是由近及远，这样容易控制树木布局，同时也能保证乔木的分辨率。有些树木种植在景观柱后面或者坐凳的后面，必须删除树木被挡住的部分。复制后的效果如图 5-3-39 所示。

图 5-3-39

2.6.2 添加地被

打开素材库中的"灌木.psd"文件,将其中的三种绿篱植物拖拽进透视图后按照场地缩放,与场地景观重叠的地方用套索工具创建选区删除。然后用【曲线】命令调整它们的明暗度,使暗区更明显,这样植物深度层次就拉开了。地被绿篱的效果如图 5-3-40 所示。

图 5-3-40

2.6.3 添加灌木

用上述同样的方法复制、调整多种灌木植物,效果如图 5-3-41 所示。需要注意的是灌木的搭配要前后有序,大小合理。

2.6.4 添加花卉

在"灌木.psd"文件中选择一个花卉拖拽到透视图中,缩放复制到景墙前面的三个坐凳花池中;在景墙前面有条形花池,在此花池中放置一条黄色草花。添加花卉的效果如图 5-3-42 所示。

图 5-3-41

图 5-3-42

2.7　添加其他配景

为了丰富场地景观，符合场地性质需求，需要添加某些具有精神象征的元素，比如说刻字景石、景观灯柱等，还需要添加一些过往人物、天空飞鸟，甚至是艳丽的阳光等来活跃画面。

在"假山石头.psd"文件中选择一块石头拖拽到透视图中，选择文字工具（快捷键：<T>）在图像中添加文字"勤学"，为了让文字更有立体感，可以打开【图层样式】，为文字添加"内阴影"和"外发光"效果。如图 5-3-43 所示。

再使用以前学过的方法给透视图添加人物、草坪灯和树影的效果。

2.8　图面的最后调整

场景中的红色铺装需要降低一点饱和度才更真实，在"通道"图层中用魔棒工具选择地面，然后在"模型 副本"图层中降低【色相/饱和度】中的饱和度为"－20"。其他地方根据绘图者的视觉感受进行微调。此学院广场的最终效果如图 5-3-44 所示。

图 5-3-43

图 5-3-44

3. 居住区游园鸟瞰效果图制作

启动 Photoshop CS5,打开"小游园鸟瞰图原图.tga"(配套光盘/应用篇/项目五/案例底图文件夹)文件。

3.1 替换草坪

打开配套光盘素材库中的"草地 03.tif",将其拖拽到鸟瞰场景中,将其命名为"草地"。选择菜单栏中【编辑】/【变换】(快捷键:<Ctrl+T>),对草地进行缩放直至覆盖整块的前景草地。选择"背景"图层为当前图层,用【色彩范围】的方式选中所有浅绿色草地,然后选择"草地"图层为当前图层,选择菜单栏中【选择】/【反向】(快捷键:＜Ctrl＋Shift＋I＞),反选并按＜Del＞键删除道路和建筑覆盖的部分。结果如图 5-3-45 所示。

图 5-3-45

3.2　制作地形

打开素材库中的"微地形.psd"文件,选择小微地形,创建小微地形选区,在移动命令下将"小微地形"拖拽到"鸟瞰效果图"中,如图 5-3-46 所示。将此微地形缩小后放在中心广场左侧的草坪上,选择橡皮擦工具(快捷键:＜E＞),设置流量为"25％",擦抹掉微地形边缘区域,让其与草地融合在一起,将此微地形再复制一份到场地右侧,结果如图 5-3-47 所示。

图 5-3-46

3.3　制作水面

一般情况下,场地中有水面时,在 3Dsmax 模型创建时就已经完成水面位置、驳岸边缘和虚拟水面的建模。本案例介绍一种应用 PS 处理制作水面的方式。打开素材库的"鸟瞰水面.psd"

图 5-3-47

文件,将此水面粘贴入鸟瞰场景中。为了和道路、地形相配合,综合使用套索工具、橡皮擦工具删掉水面与其他元素的重叠部分。水面图像和处理后的效果如图 5-3-48 所示。

图 5-3-48

3.3.1　添加水草

打开素材库中的"驳岸.psd"和"灌木.psd"文件,从中选择合适的水草素材,拖拽到效果图文件中。注意水草图像在长短、大小不符合要求的时候需要随时进行修剪和缩放,水草根部与水面交接的部分用羽化后的选区处理,使其看起来更融合。添加水草后的效果如图 5-3-49 所示。

图 5-3-49

3.3.2　添加景石

打开素材库中的"驳岸.psd"文件,将里面适合本水体的假山湖石、水中汀步拖拽到鸟瞰图中,调整位置和大小后的效果如图 5-3-50 所示。

图 5-3-50

3.4　制作花卉、绿篱和模纹

3.4.1　花卉地被

打开素材库中的"灌木.psd"文件,将其中的一个大型花卉地被素材拖拽到鸟瞰图中,放在合适的位置后调整大小,用羽化 5-10 后的多边形套索工具选择并删除多余的地被部分,剩余的地被边缘弱化,没有高度感,选择工具箱中的加深工具(快捷键:<O>),反复描画地被与道路的边缘,立体感就明显的出现了。花卉地被原型和处理后的效果如图 5-3-51 所示。

图 5-3-51

3.4.2 花卉花坛

场地中的花坛呈弧形,在没有弧形花卉的情况下,我们需要将原材料分段拼成仿似的弧形,然后根据透视规律用羽化后的多边形套索工具创建选区并删除多余部分。整个修剪过程如图 5-3-52 所示。

图 5-3-52

3.4.3 绿篱地被

选择两个绿篱地被拖拽到鸟瞰图中,用制作花卉地被的方法将其处理成整体统一、立体感强的绿篱地被。结果如图 5-3-53 所示。

所有花卉、绿篱和模纹的添加效果如图 5-3-54 所示。

3.5 添加乔灌木

地被等植物细节制作完毕后,开始添加的全图乔灌木。一般步骤是:基调乔木—配景乔木—主景乔木—植物阴影。这里需要强调是一定要用具有鸟瞰效果的植物素材,否则视觉上会出现误差。

3.5.1 添加基调乔木 1

注意乔木的分布和远近的差别,效果如图 5-3-55 所示。

图 5-3-53

图 5-3-54

3.5.2　添加基调乔木 2

效果如图 5-3-56 所示。

3.5.3　添加配景乔木 1

效果如图 5-3-57 所示。注意图层越来越多,一定控制好图层的先后顺序。

3.5.4　添加配景乔木 2 和树木阴影

效果如图 5-3-58 所示。

图 5-3-55

图 5-3-56

3.5.5 添加主景乔木

效果如图 5-3-59 所示。

图 5-3-57

图 5-3-58

3.5.6　制作树木倒影

将水边的乔木复制一份,选择菜单栏中【编辑】/【变换】/【垂直翻转】(快捷键:＜Ctrl＋T＞,
再在缩放框内单击右键选择"垂直翻转"),然后将倒影树移动到水面上,选择橡皮擦工具(快捷

图 5-3-59

键：＜E＞），设置橡皮擦的流量为"15％"，将倒影树的树冠顶部进行涂抹，直到变得比较浅淡。
最后将倒影树木的图层透明度设置为"30％"。结果如图 5-3-60 所示。

图 5-3-60

3.6　添加配景

3.6.1　添加雕塑

为了丰富和活跃画面，需要为水面添加一个美人鱼雕塑，关键是雕塑的倒影处理，步骤同
上。在中心广场的开阔地再添加一个抽象雕塑，注意避让道路，不妨碍通行。结果如图 5-3-61
所示。

图 5-3-61

3.6.2　添加人物

在透视图和鸟瞰图中,添加的人物尽量在远景处,不但可以丰富画面还能很好地控制体量和密度。效果如图 5-3-62 所示。

图 5-3-62

3.7　图面细节调整

3.7.1　路面细节处理

图像周边道路的色彩深沉一些,可以使整幅画面显得更有层次。设置"背景"图层为当前图层,使用魔棒工具选择道路部分,然后选择菜单栏【图像】/【调整】/【曲线】(快捷键:<Ctrl＋M>)调出【曲线】调节面板,将暗调子继续变暗,然后用加深工具沿路缘石方向进行均匀加深即可。效果如图 5-3-63 所示。

3.7.2　画面整体色彩调整

为使画面整体层次感更强,需要将图面的亮度降低,对比度适当增大。在图层的最上方新

图 5-3-63

建一个图层,右键点击图层面板下方的按钮,在弹出的菜单中选择"亮度/对比度",然后适当降低亮度,增大对比度,效果如图 5-3-64 所示。

图 5-3-64

3.7.3　远景细节处理

打开素材库中的"微地形.psd"文件,将大场景的微地形拖拽到鸟瞰图中,缩放后放置在合适的地方,选择菜单栏【图像】/【调整】/【去色】,将大场景微地形处理成灰色,效果如图 5-3-65 所示。

3.7.4　小游园周围环境细节处理

用多边形套索工具按场地透视方向绘制一个盒子,阳面为白色,阴面为灰色,图层透明度设置为"70%",然后将其复制两个分别移动到左侧和右侧的空地中。效果如图 5-3-66 所示。

图 5-3-65

图 5-3-66

3.8　图面整体处理

将处理完毕的 PSD 文件另存为 JPG 文件。打开 JPG 文件，复制"背景"图层为"图层
1"，将"图层 1"置为当前图层，选择菜单栏【滤镜】/【模糊】/【高斯模糊】，为"图层 1"添加高
斯模糊效果，然后在图层选项卡中设置图层模式为"柔光"，柔光后的图面显得更有光感，但
是色彩太浓厚，只需将此图层的透明度降低到"30％"即可。鸟瞰图的最终效果如图 5-3-67
所示。

图 5-3-67

项目6 PS在平面设计中的应用

任务1 文字设计与制作

样例：

学习领域

- 文字设计的相关概念；
- 文字设计的功能；
- 文字设计的原则；
- 利用PS进行文字设计和制作的方法。

工作领域

- 利用PS进行文字的设计与排版；
- 利用PS绘制创作各种艺术字。

行动领域

- 利用PS进行彩虹字、浮雕字、渐变字等艺术字的制作；
- 利用PS进行更复杂的艺术字的制作。

★任务知识讲解

在现代设计领域，文字设计工作主要由计算机完成。PS为设计者提供了上百种现成字体，还提供了制作艺术字的工具。但在创意、审美这些主观思维方面，电脑始终替代不了人脑，需要设计者充分发挥主观能动性。

1. 文字设计的相关概念

文字是人类文化的重要组成部分。无论在何种视觉媒体中,文字和图片都是其两大构成要素。文字排列组合的好坏直接影响其版面的视觉传达效果。因此,文字设计是增强视觉传达效果,提高作品的诉求力,赋予版面审美价值的一种重要构成技术。

文字设计(Text design)是屏幕设计的重要组成部分,是根据文字在页面中的不同用途,运用系统软件提供的基本字体字形,用图像处理和其他艺术字加工手段,对文字进行艺术处理和编排,以达到协调画面效果和更有效地传播信息的目的。

2. 文字设计的功能

文字的主要功能是在视觉传达中向大众传达作者的意图和各种信息,要达到这一目的必须考虑文字的整体效果,给人以清晰的视觉印象。并且应避免繁杂零乱,使人易认,易懂,要有效地表达作者的意图、设计的主题和构想意念。

3. 文字设计的原则

3.1　提高文字的可读性

首先,文字设计一定要容易识别。

其次,文字的阅读存在一定的顺序性。一般文字顺序是从左向右,当然也有从上到下,甚至还有倾斜方向的。设计时要根据表达的主题而定,同时也要考虑整体的布局和风格,遵循阅读的一般规律,避免因顺序产生混乱和歧义。

3.2　文字的位置应符合整体要求

设计时要系统地安排文字在画面中的位置,不能有视觉上的冲突。细节的地方也一定要注意,1 个像素的差距有时候会改变整个作品的味道。

文字和图形之间的交叉错合,既不要影响图形的观看,也不能影响文字的阅览,如图 6-1-1 所示,不要做成图 6-1-2 所示,除非需要做成这种效果。

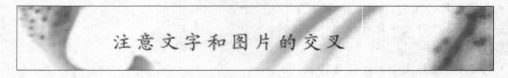

图 6-1-1

图 6-1-2

文字一定不要全部都顶着画面的边角,这样看起来很不专业,如图 6-1-3 所示。

图 6-1-3

　　应该注意细节上的问题,不要让文字和边线没有距离,如图 6-1-4 所示,适当的调整距离会使画面看起来更舒服,如图 6-1-5 所示。

图 6-1-4

不要让文字和边线没有距离

适当的调整距离会舒服点

图 6-1-5

3.3　在视觉上要有美感

　　在视觉传达的过程中,文字作为画面的形象要素之一,具有传达感情的功能,因而它必须在视觉上给人以美的感受。字形设计良好,组合巧妙的文字能使人感到愉快,留下美好的印象,从而获得良好的心理反应。

3.4　在设计上要有创造性

　　文字设计应突出作品的主题,具有独特的个性色彩,给人鲜明的视觉印象。设计时,应从字的形态特征与组合上进行探求,不断修改,反复琢磨,这样才能创造出富有个性的文字。

4. 利用 PS 进行文字设计和制作的方法

　　利用 PS 进行文字设计和制作主要有两个方面的内容,一是文字的排版,包括调整文字的字体、大小、字间距、段落行距等设置,具体调整方法见项目二、任务五中文字工具的介绍;二是利用 PS 的相关工具进行艺术字的设计与制作。

　　利用 PS 的相关工具进行艺术字的设计与制作概括起来主要有两大类方法,一是利用 PS 的图层样式,可以制作彩虹字、金属字、浮雕字、木刻字等艺术字体;二是利用滤镜结合其他工具进行制作,例如火焰字等。

★任务操作　设计制作艺术字

1. 通过图层样式制作艺术字

　　利用 PS 的各种图层样式的配合可以创作出丰富的文字效果。

1.1 新建文件

新建文件，尺寸宽 150 毫米、高 70 毫米，分辨率 150 像素/英寸，颜色模式为 RGB。点击工具箱中的文字工具，输入"Design"，设置字体的样式为"Arial Black"，大小为 100 点，如图6-1-6 所示。

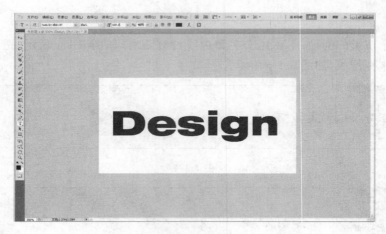

图 6-1-6

1.2 调出"图层样式"

执行【窗口】/【样式】命令，调出样式面板，如图 6-1-7 所示。单击面板右上角小三角号，在弹出的菜单中"选择文字效果"或者"文字效果 2"，如图 6-1-8 所示。在弹出的对话框中单击"确定"按钮，则对应的"文字效果"出现在样式面板上，如果单击"追加"按钮，则"文字效果"的样式不会替换当前面板中的样式，而是追加到面板的下方。

图 6-1-7

图 6-1-8

1.3　应用文字样式

单击"样式面板"中的任意一种样式,就可以为文字添加上相应的文字效果,同时,自动为相应的文字图层添加了若干图层样式,如图 6-1-9 所示。如果对某个图层样式的参数不满意,可以双击相应的图层样式,进入【图层样式】对话框进行修改。如果要换一种效果,直接在样式面板中单击其他样式即可,产生的效果如图 6-1-10、图 6-1-11 所示。如果文字内容或者文字大小、字体需要改动,仍然可以用文字工具编辑和修改文本。

图 6-1-9

图 6-1-10　　　　　　　　　　　　　　　　图 6-1-11

2. 通过滤镜等制作艺术字

通过图层样式制作文字特效的方法快速、灵活,但是只是局限于图层样式里的一些效果,如果还想做出其他的特效,就需要结合滤镜等工具进行。

2.1　新建文件

单击【文件】/【新建】命令,设置文件宽 100 毫米、高 70 毫米,分辨率 120 ppi,颜色模式为 RGB。

2.2　输入文字

填充图像的背景层为黑色,点击工具箱中的"文字工具",输入文字"OK",设置字体的样式为"Arial Black",大小为 150 点,如图 6-1-12 所示。

2.3　利用工作路径获得文字边缘

2.3.1　创建工作路径

执行【图层】/【文字】/【创建工作路径】命令,此时可以看到路径面板中已经有了文字轮廓的路径,如图 6-1-13 所示。

图 6-1-12　　　　　　　　　　　　　　　　　　　图 6-1-13

2.3.2　获得文字边缘

删除文字层,并新建一个空白层。设定前景色为白色,单击工具箱中的"铅笔工具",在其工具选项栏中设定画笔直径为 2 像素,在路径面板中单击"用画笔描边路径" ○ 按钮。Photoshop 会以铅笔当前的笔触描绘路径,如图 6-1-14 所示。单击"路径面板"的空白部分,隐藏该工作路径,以免影响后续操作。

2.4　图像调整

2.4.1　图像边缘调整

上述操作生成的图像边缘轮廓太硬,且有很多锯齿,执行【滤镜】/【模糊】/【高斯模糊】命令,设定模糊的半径值为 1 像素,模糊后的效果如图 6-1-15 所示。

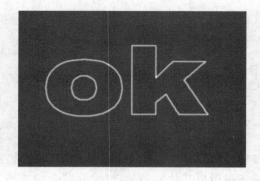

图 6-1-14　　　　　　　　　　　　　　　　　　　图 6-1-15

2.4.2　调整对比度

执行【高斯模糊】命令后的图像轮廓颜色暗淡,需要使其更鲜亮,但此时的轮廓只有一种颜色,无法通过【亮度/对比度】或者【色阶】命令进行调节,可将其与黑色背景图层合并。

按下<Ctrl>键,同时选择该图层和黑色背景层,单击图层右侧的小三角号按钮,在出现的菜单中选择【合并图层】命令,将该图层与黑色背景图层合并。

执行【图像】/【调整】/【亮度】/【对比度】命令，调整对比度为 45，如图 6-1-16 所示，调整对比度后的效果如图 6-1-17 所示。

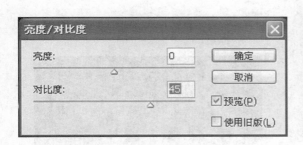

图 6-1-16　　　　　　　　　　　　　　　　图 6-1-17

2.5　添加滤镜效果

2.5.1　水平方向上添加"风"滤镜效果

执行【滤镜】/【风格化】/【风】命令，在对话框中设置方法为"风"，如图 6-1-18 所示，执行滤镜后的效果如图 6-1-19 所示。然后再次执行【风】滤镜，设置方向与刚才相反，效果如图 6-1-20 所示。

2.5.2　垂直方向上添加"风"滤镜效果

接下来要在垂直方向上添加"风"的滤镜效果，但此滤镜只有"从左"和"从右"两个方向，所以只能先旋转画布，添加完滤镜效果后再旋转还原。

执行【图像】/【图像旋转】/【90°（顺时针）】命令，效果如图 6-1-21 所示。再按上述方法为其两次添加"风"滤镜效果。执行【图像】/【图像旋转】/【90°（逆时针）】命令，效果如图 6-1-22 所示。

图 6-1-18

图 6-1-19　　　　　　　　　　　　　　　　图 6-1-20

2.5.3　添加"照亮边缘"滤镜效果

执行【滤镜】/【风格化】/【照亮边缘】命令，在弹出的【照亮边缘】对话框中设置参数，如图 6-1-23 所示，效果如图 6-1-24 所示。

图 6-1-21

图 6-1-22

图 6-1-23

图 6-1-24

2.6　亮度、色彩调整

2.6.1　调整亮度

上述操作得到的文字毛边不够亮,再次执行【图像】/【调整】/【亮度】/【对比度】命令,调整对比度为 32,调整的效果如图 6-1-25 所示。

2.6.2　调整色彩

纯白的图案效果过于朴素,可以为其添加颜色,增加其观赏性。执行【图像】/【调整】/【色相/饱和度】命令,在弹出的【色相/饱和度】对话框中调整出自己喜欢的颜色。设置色相 7、饱和度 100 时,如图 6-1-26 所示,可以调整出火焰般的效果,如图 6-1-27 所示。

图 6-1-25

图 6-1-26

★巩固技能训练

利用 PS 制作印章效果字，如图 6-1-28 所示。

图 6-1-27

图 6-1-28

制作步骤提示

①新建文件。

②单击文字工具，在对话框中选择"经典繁淡古"字体，颜色选择深红（R：204，G：0，B：51）。输入"口"字，并进行自由变换，将其作为印章的外框线。

③选择直排文字工具，用"经典繁淡古"字体，写出"印证"两个字。

④执行【编辑】/【自由变换】命令调整字的大小，将"印证"两个字按比例放大，并移动到合适位置。

⑤合并两个文字图层，在"图层面板"上双击该图层，为其添加"图层样式"，在弹出的【图层样式】对话框中勾选"斜面和浮雕"效果、并做"等高线"等属性设置。

⑥在【图层样式】对话框中设置"光泽"效果。

任务 2　标志设计与制作

样例：

学习领域
- 标志的相关概念；
- 标志设计的三要素；
- 标志设计的原则；
- 标志设计的流程。

工作领域
- 标志的设计；
- 利用 PS 进行标志的制作。

行动领域
- 设计制作标志。

★任务知识讲解

1. 标志的相关概念

标（英文俗称为：LOGO），是表明事物特征的记号。它以单纯、显著、易识别的物像、图形或文字符号为直观语言，具有表达意义、情感和指令行动等作用。标志设计不仅是实用物的设计，也是一种图形艺术的设计。它与其他图形艺术表现手段既有相同之处，又有自己的艺术规律。由于对其简练、概括、完美的要求十分苛刻，即要完美到几乎找不至更好的替代方案，其难度比之其他任何图形艺术设计都要大得多。

2. 标志三要素

2.1　名称

一个出色完美的商标，除了要有优美鲜明的图案，还要有与众不同的响亮动听的牌名。牌名不仅影响今后商品在市场上流通和传播，还决定商标的整个设计过程和效果。如果商标有一个好的名字，能给图案设计人员更多的有利因素和灵活性，设计者就可能发挥更大的创造性。反之就会带来一定的困难和局限性，也会影响艺术形象的表现力。因此，确定商标的名称应遵循"顺口、动听、好记、好看"的原则。要有独创性和时代感，要富有新意和美好的联想。如

"雪花"牌电冰箱,并给人以冷冻的联想,为企业和产品性质树立了明确的形象。又如"永久"牌自行车,象征着"永久耐用"之意,体现了商品的性质和效果。

2.2　图案

各国名称、国旗、国徽、军旗、勋章,或与其相同或相似者,不能用作商标图案。国际国内规定的一些专用标志,如红"十"字、民航标志、铁路路徽等,也不能用作商标图案。此外,取动物形象作为商标图案时,应注意不同民族、不同国家对各种动物的喜爱与忌讳。

2.3　色彩

标志常用的颜色为三原色(红、黄、蓝),这三种颜色纯度比较高,比较亮丽,更容易吸引人的眼球。

3. 标志设计的原则

第一,设计应在详尽明了设计对象的使用目的、适用范畴及有关法规等情况和深刻领会其功能性要求的前提下进行。

第二,设计须充分考虑其实现的可行性,针对其应用形式、材料和制作条件采取相应的设计手段。同时还要顾及应用于其他视觉传播方式(如印刷、广告、映象等)或放大、缩小时的视觉效果。

第三,设计要符合作用对象的直观接受能力、审美意识、社会心理和禁忌。构思须慎重推敲,力求深刻、巧妙、新颖、独特,表意准确,能经受住时间的考验。

第四,构图要凝练、美观、适形(适应其应用物的形态)。

第五,图形、符号既要简练、概括,又要讲究艺术性。

第六,色彩要单纯、强烈、醒目。

第七,遵循标志设计理念的艺术规律,创造性地探求恰当的艺术表现形式和手法,锤炼出精当的艺术语言,使所设计的标志具有高度的整体美感、获得最佳视觉效果。

4. 标志设计的流程

4.1　调研分析

标志不仅仅为一个图形或文字的组合,它是依据企业的构成结构、行业类别、经营理念,并充分考虑标志接触的对象和应用环境,为企业制定的标准视觉符号。在设计之前,首先要对企业做全面深入的了解,包括经营战略、市场分析以及企业最高领导人员的基本意愿,这些都是标志设计开发的重要依据。对竞争对手的了解也是重要的步骤,标志的识别性,就是建立在对竞争环境的充分掌握上。因此,首先要求客户填写一份标志设计调查问卷。

4.2　要素挖掘

要素挖掘是为设计开发工作做进一步的准备。我们会依据对调查结果的分析,提炼出标志的结构类型、色彩取向,列出标志所要体现的精神和特点,挖掘相关的图形元素,找出标志的设计方向,使设计工作有的放矢,而不是对文字图形的无目的组合。

4.3　设计开发

有了对企业的全面了解和对设计要素的充分掌握,可以从不同的角度和方向进行设计开发工作。通过设计师对标志的理解,充分发挥想,用不同的表现方式,将设计要素融入设计中,标志必须达到含义深刻、特征明显、造型大气、结构稳重、色彩搭配能适合企业,避免流于俗套或大众化。不同的标志所反映的侧重或表象会有区别,经过讨论分析修改,找出适合企业的标志。

4.4　标志修正

提案阶段确定的标志,可能在细节上还不太完善,我们经过对标志的标准制图、大小修正、黑白应用、线条应用等不同表现形式的修正,使标志使用使更加规范,同时标志的特点、结构在不同环境下使用时,也不会丧失,达到统一、有序、规范的传播。

★任务操作　设计制作 TRAMP 公司的 LOGO

该 LOGO 的核心部分是两个相互交错的箭头符号,既形象又简洁。

1. 新建文件

新建一个宽 70 毫米,高 30 毫米,200ppi,CMYK 颜色模式的文件。如图 6-2-1 所示。

图 6-2-1

2. 输入文字

2.1　添加背景

用矩形选框工具拖出一矩形选区,并填充灰色(C:0,M:0,Y:0,K:35),效果如图 6-2-2 所示。

2.2　添加文字

用文字工具输入文本"TRAMP",字体为 Arial Black,字号为 24pt,如图 6-2-3 所示。

图 6-2-2　　　　　　　　　　　　　　　　　　　图 6-2-3

3. 绘制图形

3.1　绘制图形轮廓

3.1.1　绘制箭头轮廓

在工具栏中选择自定形状工具,形状属性栏中选择箭头符号,绘制一箭头形状路径,如图6-2-4、图6-2-5所示。

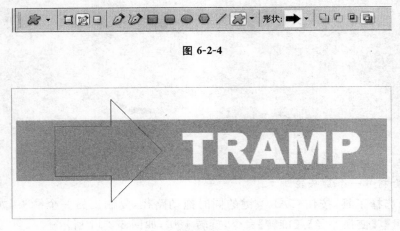

图 6-2-4

图 6-2-5

3.1.2　调整箭头方向

点击路径选择工具,选择刚建立的路径,执行【编辑】/【变换路径】/【旋转】命令,旋转角度定位-45°,如图6-2-6所示,效果如图6-2-7所示。

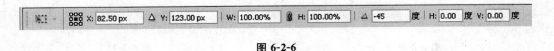

图 6-2-6

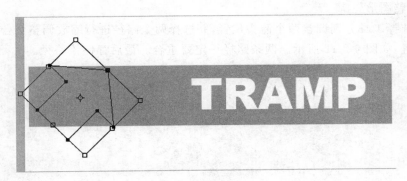

图 6-2-7

点击【视图】/【标尺】命令,为该标制图片添加水平和垂直参考线,分别对准箭头的两个端点,如图6-2-8所示,发现箭头顶部并非直角。用直接选择工具选中箭头顶点,并拖动使其成为直角,如图 6-2-9 所示。删除参考线。

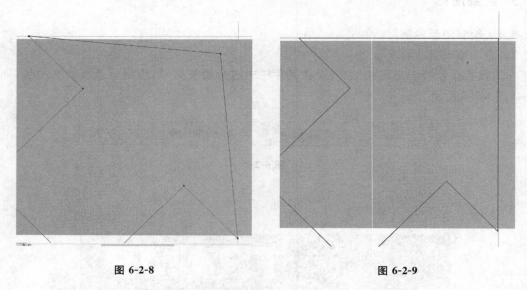

图 6-2-8   图 6-2-9

3.1.3　绘制另一个箭头轮廓

点击路径选择工具,按住<Alt>键的同时拖动路径,复制出另一个箭头,如图 6-2-10 所示。执行【编辑】/【变换路径】/【旋转】命令,旋转 180°,如图 6-2-11 所示。

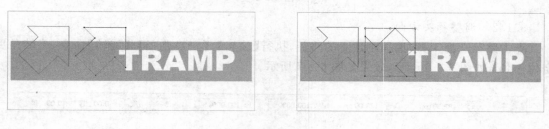

图 6-2-10   图 6-2-11

3.2　调整图形轮廓

用路径选择工具分别调整两个箭头位置,并选择两个路径进行缩放调整到合适大小,最后调整合适位置,如图 6-2-12 所示。两条路径一定要重合。最后存储该路径。

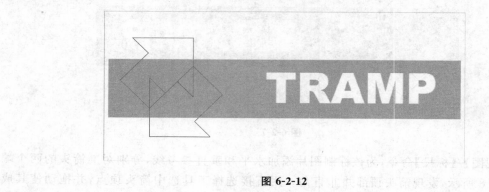

图 6-2-12

3.3　图形上色

用路径选择工具选择上方的箭头路径，单击路径面板下方的"将路径作为选区载入"按钮 ⬚，得到箭头选区。新建一图层，命名为"蓝色箭头"，填充蓝色（C：100，M：80，Y：0，K：0），如图 6-2-13所示。用同样的方法填充"红色箭头"（C：0，M：100，Y：100，K：0），效果如图 6-2-14 所示。

图 6-2-13

图 6-2-14

4. 调整图像

图片中的红色箭头压在了蓝色箭头上，而且没有交叉，需要进一步调整。

4.1　调整图形轮廓

在未取消"红色箭头"选区的情况下，用路径选择工具，选择包含蓝色区域的路径，在路径面板上右击，在弹出的菜单中选择"建立选区"，在弹出的【新建选区】对话框中选择"与选区交叉"选项，如图 6-2-15 所示。得到两个路径相互交叉部分的选区，如图 6-2-16 所示。

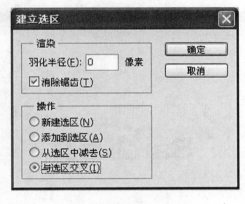

图 6-2-15

图 6-2-16

在工具栏中选择矩形选框工具，在上面属性栏中选择"从选区减去"，然后框选需要减去的部分，如图 6-2-17 所示。在"红色箭头"层上，按＜Del＞键，减去相应区域，结果如图 6-2-18 所示。

图 6-2-17

图 6-2-18

4.2   调整图形样式

选择红色箭头图层,单击图层面板下方的"添加图层样式"按钮,在弹出的【图层样式】对话框中选择"描边"样式,点击"描边"选项,然后在弹出的对话框中设置大小为两个像素,位置为居中,如图 6-2-19 所示。同法为蓝色箭头图层添加描边样式,效果如图 6-2-20 所示。

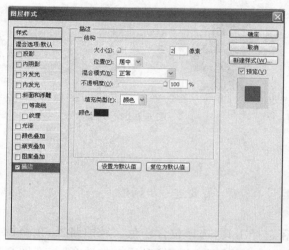

图 6-2-19

图 6-2-20

4.3   最后调整

图片的红色箭头上多了条黑线,用橡皮擦工具将其擦除即可,最终效果如图 6-2-21 所示。

★巩固技能训练

制作"百度"的标志,如图 6-2-22 所示。

图 6-2-21

图 6-2-22

"百度"这一公司名称来自宋词"众里寻他千百度"。"熊掌"图标的想法来源于"猎人巡迹熊爪"的刺激,与李博士的"分析搜索技术"非常相似,从而构成"百度"的搜索概念,也便成了"百度"的图标形象。

制作步骤提示:

①新建文件;

②输入文字;

③利用路径工具绘制熊爪图形;

④熊爪图形上色;

⑤输入熊爪内文字;

⑥调整图像。

任务 3　包装设计与制作

样例：

茶叶盒包装设计

学习领域

- 包装的概念；
- 包装的功能；
- 包装设计的要素；
- 利用 PS 进行包装设计的方法。

工作领域

- 设计产品包装；
- 利用 PS 进行包装的设计与制作。

行动领域

- 设计特定产品包装。

★任务知识讲解

在日常生活中，我们对不熟悉的商品的认识首先是从商品的包装开始的。可见，包装设计的好坏在产品销售过程中起着至关重要的作用。如何让产品在众多同类产品中脱颖而出,是目前设计师不断攻克的课题。

1. 包装的概念

包装是指按一定技术方法而采用的容器、材料及辅助物等的总称。包装在流通过程中不仅起到保护产品,方便储运的作用,同时也可促进销售。

2. 包装的功能

现代包装是企业宣传促销计划中重要的组成部分。包装在产品中具有重要的功能,主要有以下三种。

2.1 保护功能

保护功能是包装的最基本功能。包装不仅可以保护商品在运输过程中,不易造成质量和数量上的损失,而且,也可以起到防止外界环境对商品造成的危害。例如包装中的内衬和隔板的设计,就是为了防止在流通过程中,一些易受损害的物品受到震荡和挤压。

2.2 方便功能

包装还应该起到方便的功能,科学的包装可以更利于商品的使用。例如一些食品包装,为了便于开封而添加的锯齿设计。好的包装还要考虑商品是否便于人们运输或有效地利用空间。例如商品包装是否可以合理排列,方便拆分、组装等。

2.3 提高商品整体形象的功能

包装提高了商品的整体形象,可以直接刺激消费者的购买欲望,使其产生购买行为,同时,包装还应起到宣传的效应,促进销售。

3. 包装设计的要素

3.1 外形要素

外形要素就是商品包装示面的外形,包括展示面的大小、尺寸和形状。包装设计时必须按照包装设计的形式美法则结合产品自身功能的特点,将各种因素有机、自然地结合起来,完成统一的设计形象。

3.2 构图要素

构图是将商品包装展示面的商标、图形、色彩和文字组合排列在一起,构成一个完整的画面。商标设计、图形设计、色彩设计和文字设计四个方面的组合构成了包装装潢的整体效果,如能运用得正确、适当、美观就可称为优秀的作品。

3.3 材料要素

材料要素是商品包装所用材料表面的纹理和质感,它往往影响到商品包装的视觉效果。包装材料,无论是纸类、塑料、玻璃、金属、陶瓷、竹木材料,还是其他的复合材料,都有不同的质地肌理效果。运用不同材料,并妥善地加以组合配置,可以给消费者以新奇、冰凉或豪华等不同的感受,材料要素是包装设计的重要环节,它直接关系到包装的整体功能和经济成本,生产加工方式及包装废弃物的回收处理等多方面的问题。

★任务操作　设计制作茶叶盒包装

1. 制作立体轮廓效果

1.1　新建文件

启动 Photoshop CS5,新建一个名为"茶叶包装盒"的文件,参数设计如图 6-3-1 所示。

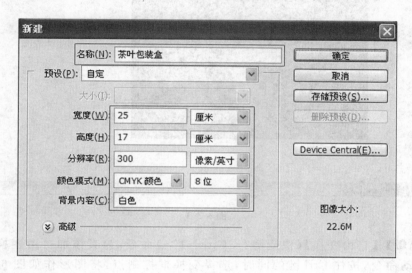

图 6-3-1

1.2　制作盒盖

在图层命令面板上新建一个"盒盖"图层,单击工具箱中的矩形选框工具 ,创建一个矩形选区,如图 6-3-2 所示。

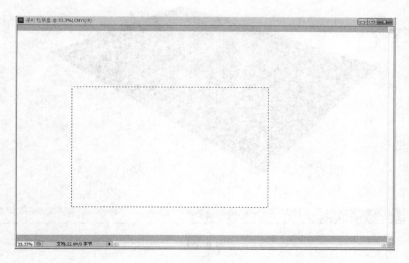

图 6-3-2

设置前景色为紫红色(R:130,G:38,B:32),同时按下<Alt+Del>键,用前景色填充选区,效果如图 6-3-3 所示。

图 6-3-3

执行【编辑】/【自由变换】(快捷键:<Ctrl+T>)命令,为其添加自由变换框,点击工具箱中的移动命令,按住 Ctrl 键的同时,选择变换框控制点,将图形作如图 6-3-4 所示的变形。

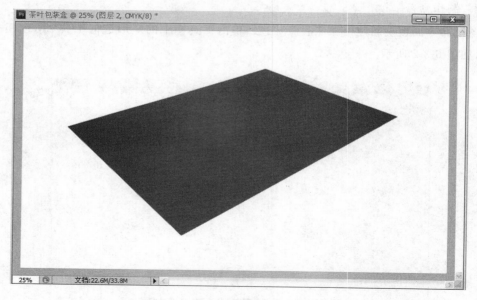

图 6-3-4

1.3 制作盒底

确定"盒盖"图层为当前层,将其拖拽到【图层面板】下面的"新建图层"按钮回上松开鼠标

（快捷键：<Ctrl＋J>），为其复制一个"盒盖副本"图层，将其改名为"盒底"，再设置前景色为深紫红色(R:75,G:22,B:19)，用前景色填充盒底选区，调整图层顺序，让"盒底"图层位于"盒盖"图层的下面（快捷键：<Ctrl＋[>）。如图 6-3-5 所示。

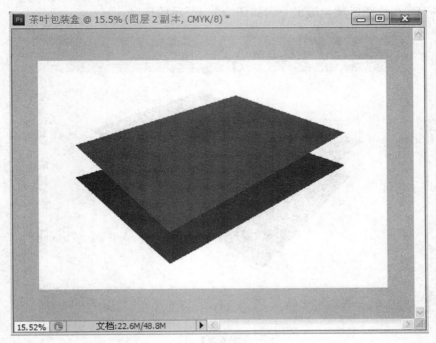

图 6-3-5

确定"盒底"图层为当前层，同时按下<Ctrl＋T>键对其作如图 6-3-6 所示的变形。

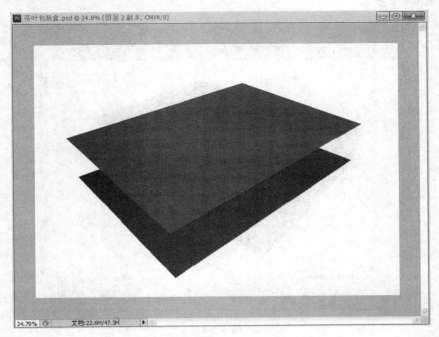

图 6-3-6

1.4 制作盒子的正面和侧面

1.4.1 制作盒子侧面

创建一个新图层，修改图层名称为"左侧"，将其放置在"盒底"图层的上一层，再使用"多边形套索工具"在绘图区域勾选出一个如图 6-3-7 所示的选区。

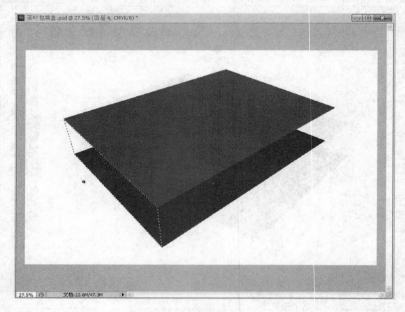

图 6-3-7

设置前景色的参数为（R:158,G:48,B:39），同时按下＜Alt＋Del＞键，用前景色填充选区，效果如图 6-3-8 所示。

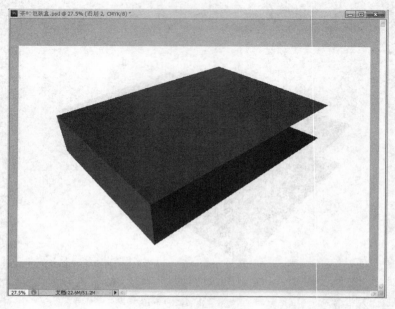

图 6-3-8

1.4.2　制作盒子正面

创建一个新图层,修改图层名称为"正侧",将其放在"左侧"图层的上一层,再使用"多边形套索工具" 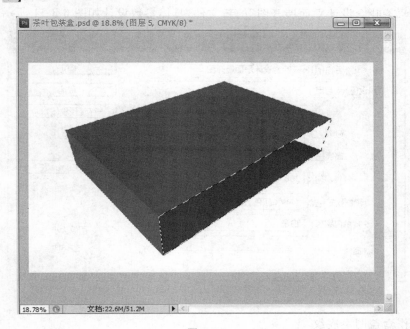 在绘图区域勾选出一个如图 6-3-9 所示的选区。

图 6-3-9

设置前景色的参数为(R:60,G:17,B:14),同时按下<Alt+Del>键,用前景色填充选区,效果如图 6-3-10 所示。

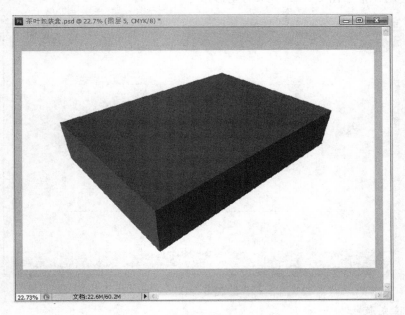

图 6-3-10

2. 制作茶叶盒平面设计展开图

2.1 创建文件

新建一个"茶叶盒设计平面展开图"的新文件,具体参数设计如图 6-3-11 所示。

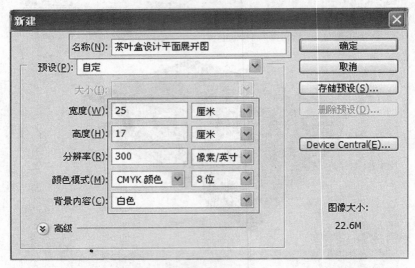

图 **6-3-11**

2.2 制作盒盖图案底纹

2.2.1 创建选区

创建一个新图层,修改图层名称为"茶叶盒设计平面展开图",选择"矩形选框工具" ,在绘图区域中绘制一个如图 6-3-12 所示的矩形选区。

图 **6-3-12**

2.2.2 填充颜色

设置前景色参数为(R:130,G:38,B:32),同时按下<Alt+Del>键用前景色填充选区。

2.2.3　制作花边框

打开"花边.psd"文件(文件在配套光盘/应用篇/项目六/素材文件夹中),将其移动复制到"茶叶盒设计平面展开图"文件中,将花边图案执行"缩放、变形、旋转、复制"命令调整其大小和形状后放到合适位置(快捷键:<Ctrl＋T>)。效果如图 6-3-13 所示。

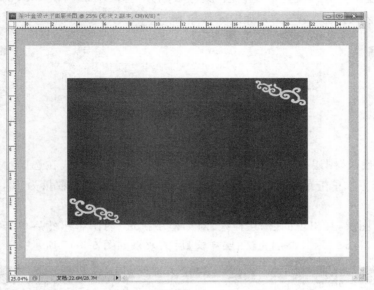

图 6-3-13

新建一个"直线"图层,选择画笔工具 ✐,设置画笔工具的大小为 13px,硬度为 100％,选择吸管工具 ✐,在"花边"图案上吸取颜色,设置前景色与"花边"颜色相同,按住<Shift>键的同时,在"直线"图层中绘制水平和垂直线,效果如图 6-3-14 所示。

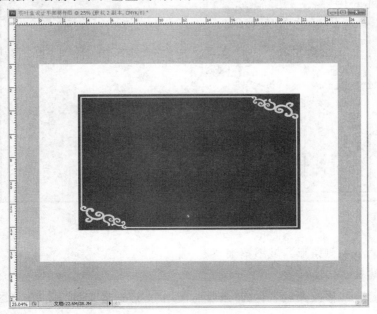

图 6-3-14

合并"花边"和"直线"图层,修改其名称为"花边框"。

2.2.4 制作底纹

选择魔棒工具 ,确定"花边框"图层为当前层,在花边框内的空白处单击鼠标左键,出现选区后,选择渐变工具 ,设置渐变颜色,颜色参数分别为(R:225,G:195,B:105;R:255,G:239,B:183;R:225,G:195,B:105),如图 6-3-15 所示。

图 6-3-15

创建一个"底纹"图层,将设置好的渐变色以"线性渐变"的方式在选区中进行垂直拖拽,为选区填充渐变色。单击菜单栏【滤镜】/【杂色】/【添加杂色】,设置数量为 10,分布方式为"高斯分布"。

双击"底纹"图层,在出现的【图层样式】对话框中挑选"内阴影",然后单击"内阴影"选项,设置参数如图 6-3-16 所示。添加完【图层样式】后的效果如图 6-3-17 所示。

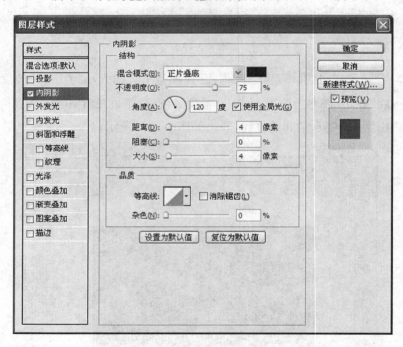

图 6-3-16

2.3 制作盒盖左侧条形区域图案细节

2.3.1 创建选区

创建一个新图层,修改图层名称为"条纹",使用"矩形选框工具" ,在绘图区域中绘制一个矩形选区,如图 6-3-18 所示。

图 6-3-17

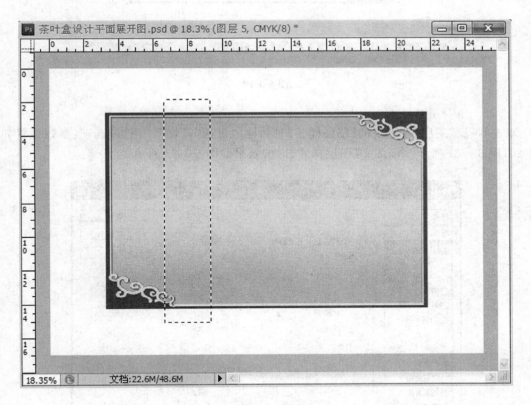

图 6-3-18

2.3.2　填充颜色

设置前景色参数为（R:130,G:38,B:32），同时按下＜Alt＋Del＞键用前景色填充选区。

执行【图层】/【创建剪贴蒙版】命令，使"花边框"图层蒙盖"条纹"图层中的内容，效果如图 6-3-19 所示。

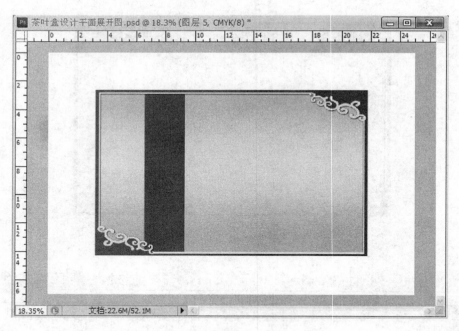

图 6-3-19

2.3.3 添加图层样式

双击"条纹"图层,在出现的【图层样式】对话框中挑选"投影"、"描边"选项,参数设置如图 6-3-20,图 6-3-21 所示。添加完【图层样式】后的效果如图 6-3-22 所示。

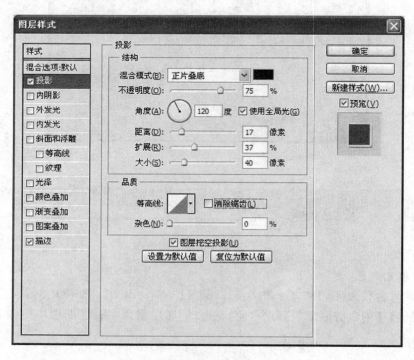

图 6-3-20

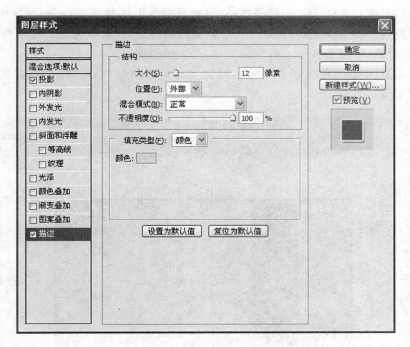

图 6-3-21

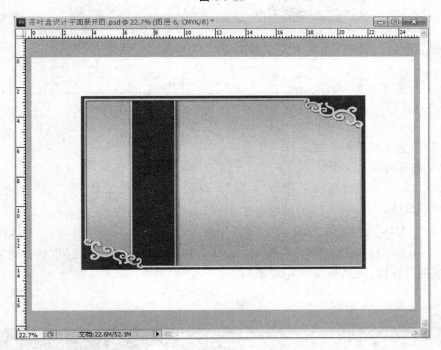

图 6-3-22

2.3.4 添加文字

单击工具箱中的"横排文字工具"按钮 **T**，设置文字的颜色参数为（R：247，G：230，B：179），大小为"10 点"，字体为"经典行楷繁"，输入唐诗《题茶山》的文字（山实东吴秀，茶称瑞花魁。剖符虽俗吏,修贡亦仙才。溪尽停蛮棹,旗张卓翠台。柳村穿窈窕,松涧度喧逐。等级云峰峻,宽采洞府开。拂天闻笑语,特地见楼台。泉嫩黄金涌,牙香紫蟹裁。拜章期天日,轻骑疾奔雷。舞袖岚侵涧,歌声谷答回。磐音藏叶鸟,雪艳照谭梅)。

执行【图层】/【创建剪贴蒙版】,将输入的文字与其下面的"条纹"图层创建为剪贴蒙版图层,效果如图 6-3-23 所示。

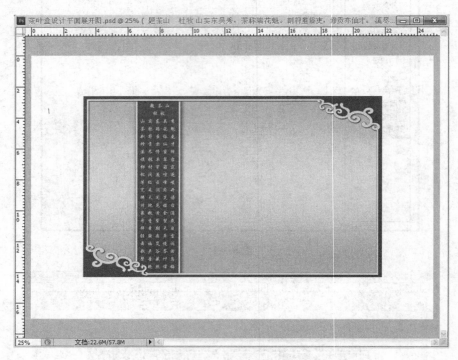

图 6-3-23

2.4 制作盒盖圆形图案细节

2.4.1 制作外圆

创建一个新图层,修改图层名称为"外圆"。点击"椭圆选框工具"按钮,在绘图区域中绘制一个圆形选区。

点击"渐变工具"按钮,设置渐变颜色分别为(R:180,G:128,B:70)、(R:242,G:196,B:147)、(R:96,G:51,B:32)、(R:37,G:16,B:15),如图 6-3-24 所示,使用"线性渐变"方式在圆形选区中进行拖拽,效果如图 6-3-25 所示。

图 6-3-24

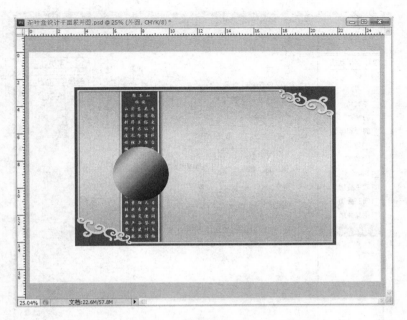

图 6-3-25

双击"外圆"图层,在出现的【图层样式】对话框中挑选"内投影",参数设置如图 6-3-26 所示。然后挑选"描边",参数设置如图 6-3-27 所示。"描边"的填充类型设置为"渐变",颜色参数分别为(R:119,G:68,B:41)、(R:199,G:171,B:149)、(R:152,G:77,B:38)、(R:210,G:157,B:123)。如图 6-3-28 所示,添加完【图层样式】后的效果如图 6-3-29 所示。

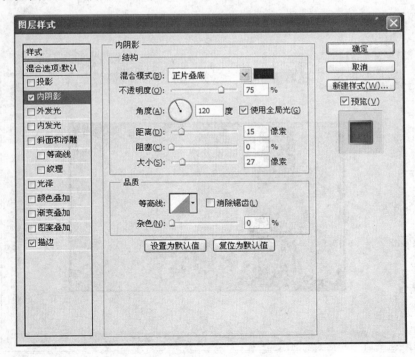

图 6-3-26

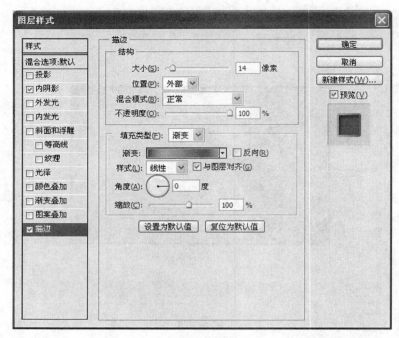

图 6-3-27

图 6-3-28

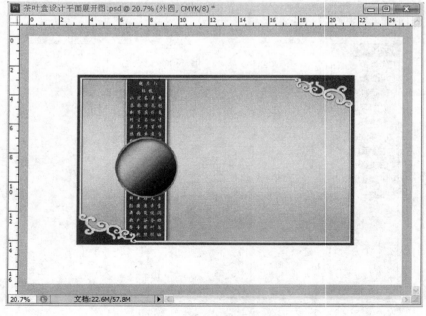

图 6-3-29

2.4.2　制作中圆

复制"外圆"图层(快捷键:＜Ctrl＋J＞),修改复制图层的名称为"中圆"。

按下＜Ctrl＋T＞键,执行缩放命令,同时按住＜Shift＋Alt＞键,拖拽变形框的角点进行等比例缩放。

双击"中圆"图层,在出现的【图层样式】对话框中挑选"投影",参数设置如图 6-3-30 所示;再挑选"描边"选项,参数设置如图 6-3-31 所示。

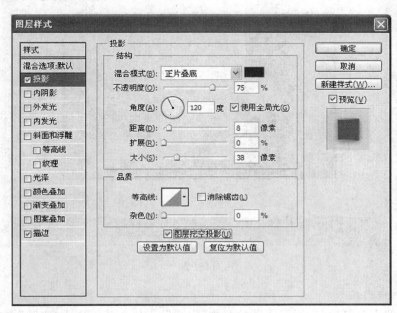

图 **6-3-30**

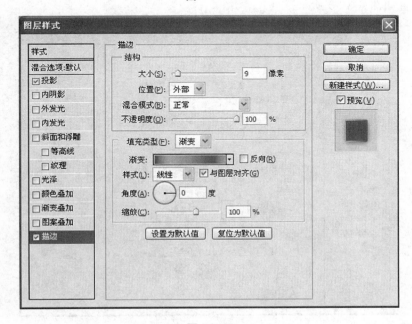

图 **6-3-31**

按住<Ctrl>键的同时点击"中圆"图层,将其设置为选区,设置前景色参数为(R:255,G:251,B:221),同时按下<Alt+Del>组合键用前景色填充选区,效果如图 6-3-32 所示。

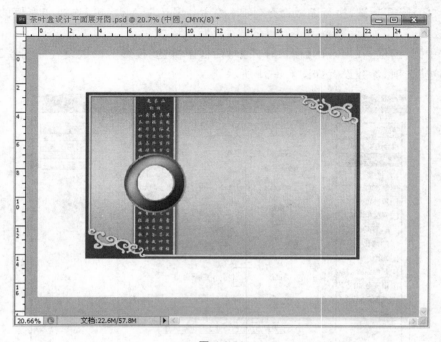

图 6-3-32

2.4.3 制作内圆

使用同样的方法复制"中圆",将其命名为"内圆",等比例缩放后为"内圆"添加"描边"图层样式,参数设置如图 6-3-33 所示。

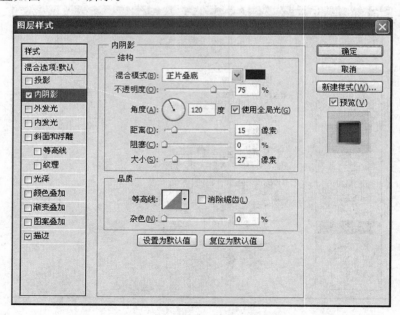

图 6-3-33

点击"渐变工具"按钮,设置渐变颜色分别为(R:168,G:31,B:36,R:107,G:19,B:23)如图 6-3-34 所示,按住<Ctrl>键的同时点击"内圆"图层,将其设置为选区,使用"径向渐变"的方式在"内圆"选区中进行拖拽,效果如图 6-3-35 所示。

图 6-3-34

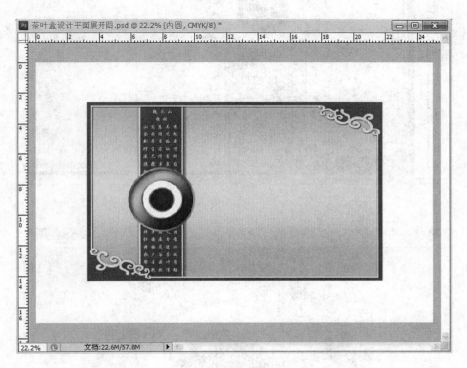

图 6-3-35

2.4.4　添加外圆花纹图案

打开"内嵌花.psd"文件(文件在配套光盘/应用篇/项目六/素材文件夹中),将其移动复制到"茶叶盒设计平面展开图"文件中,按下<Ctrl+T>组合键将图形缩放调整,然后执行【图层】/【创建剪贴蒙版】命令,将"内嵌花"图层与下面的"外圆"图层创建为剪贴蒙版图层,同时将图层叠加样式改为"明度",效果如图 6-3-36 所示。

2.4.5　添加中圆内的文字

在工具箱中点击"椭圆"工具按钮,按住<Shift>键,创建椭圆路径。

点击"横排文字工具"按钮,将鼠标移至椭圆路径上进行路径捕捉,设置文字大小为"4点"、文字颜色参数为(R:141,G:0,B:0)、字体为经典中宋繁,输入文字"品茶品人生,茶道即人道",效果如图 6-3-37 所示。

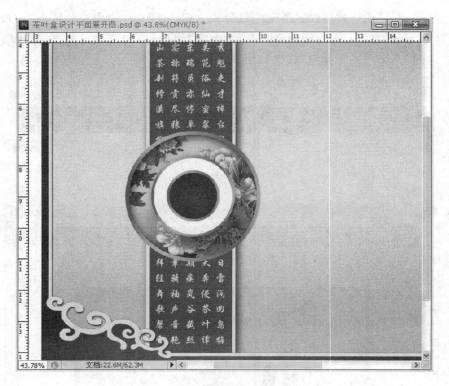

图 6-3-36

图 6-3-37

使用同样的方法,输入英文文字"CHINA FAMOUS TEA GREEN DRINK",如图 6-3-38 所示。

图 6-3-38

2.4.6　添加内圆中的文字和图案

点击"横排文字工具"按钮 T ，设置文字大小"4 点"，文字颜色为(R：231，G：212，B：157)，字体样式为"汉仪橄榄体繁"，输入文字"茶中极品"。

打开"印章.psd"文件(文件在配套光盘/应用篇/项目六/素材文件夹中)，将"印章 1"图层中的印章拖拽进来，移动到文字"茶中极品"右下方，如图 6-3-39 所示。

图 6-3-39

再次点击"横排文字工具"按钮 **T**，设置文字大小为"30 点"，文字颜色为（R：255，G：255，B：255），字体样式为"方正隶二简体"，输入文字"茶品"。并为其添加"外发光"和"描边"图层样式，参数设置如图 6-3-40、图 6-3-41 所示，添加完【图层样式】后的效果如图 6-3-42 所示。

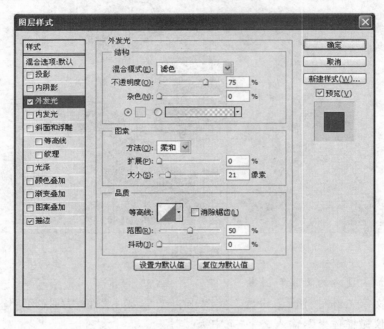

图 **6-3-40**

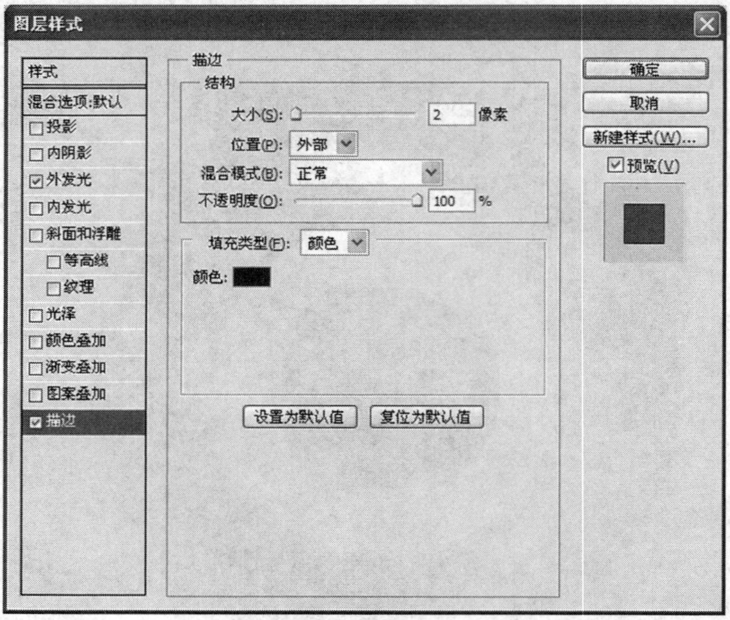

图 **6-3-41**

将"外圆"、"中圆"、"内圆"及相应的装饰图案图层合并为一个图层，修改图层名称为"圆形图案"。

图 6-3-42

2.5　制作盒盖右侧区域图案细节

2.5.1　制作品牌文字效果

点击"横排文字工具"按钮 T，设置文字大小为"60 点"，文字颜色为（R：0，G：0，B：0），字体样式为"迷你繁衡方碑"，输入文字"紫笋茶"。

打开"印章.psd"文件（文件在配套光盘/应用篇/项目六/素材文件夹中），将"印章 2"图层中的印章拖拽进来，移动到文字"紫笋茶"的右侧，效果如图 6-3-43 所示。

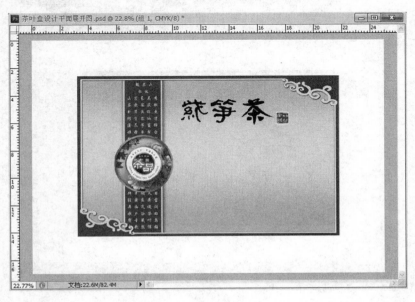

图 6-3-43

2.5.2 制作名茶文字标识

创建一个新图层,修改图层名称为"小圆",点击"椭圆选框工具"按钮 ○ ,在绘图区域中绘制一个圆形选区。

设置前景色参数为(R:255,G:253,B:229),同时按下<Alt+Del>组合键用前景色填充选区,再为该图层添加"投影"图层样式,参数设置如图 6-3-44 所示,然后等距复制 3 个小圆,效果如图 6-3-45 所示。

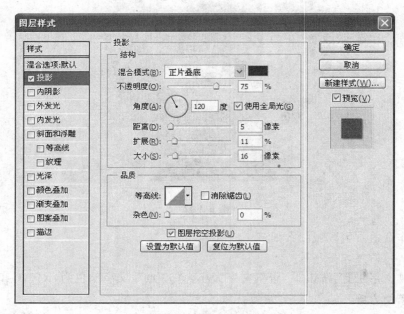

图 6-3-44

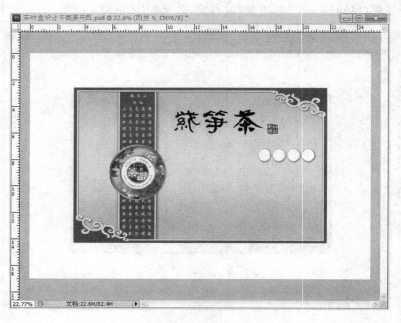

图 6-3-45

再次点击"横排文字工具"按钮 T，设置文字大小为"23点"，文字颜色参数为（R：0，G：0，B：0），文字样式为"汉仪大宋简"，依次输入文字"中华名茶"。

选择画笔工具 ，设置画笔工具的大小为 4px，硬度为 100%，设置前景色为"黑色"，按住＜Shift＞键的同时，在文字的下方拉出一条水平直线，再次执行"横排文字工具" T，设置文字大小为"20点"，文字颜色参数为（R：0，G：0，B：0），文字样式为"Monospac821 BT"，输入拼音"ZHONGHUAMINGCHA"，效果如图 6-3-46 所示。

图 6-3-46

2.5.3 添加素材文字

打开"文字.psd"文件（文件在配套光盘/应用篇/项目六/素材文件夹中），将其中的文字拖拽进来，缩放调整后移动到合适位置，如图 6-3-47 所示。

2.5.4 添加装饰图案

打开"国画山水.psd"文件（文件在配套光盘/应用篇/项目六/素材文件夹中），将其中的装饰图案拖拽进来，缩放调整后移动到合适位置。

点击"多边形套索"工具按钮 ，将图形进行拆分、调整，点击"图层命令面板"下方的"创建蒙版"按钮 。切换前景色和背景色，使用"画笔工具" 进行涂抹，最终效果如图 6-3-48 所示。

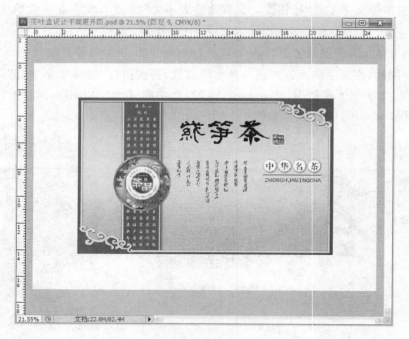

图 6-3-47

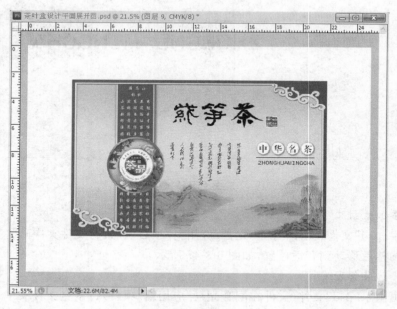

图 6-3-48

3. 制作整体效果

3.1　整合图层

将文件另存一个"茶叶盒设计平面展开图备份"文件。

　　合并除"背景"以为所有可见图层(快捷键:<Shift＋Ctrl＋E>),将其移动复制到之前做好的"茶叶包装盒"文件中,更改图层名称为"盒盖图案"。

　　同时按下<Ctrl＋T>组合键,执行"自由变换"命令,按住<Ctrl>键,调整变形框的控制点,将其变形调整为如图 6-3-49 所示的图形。

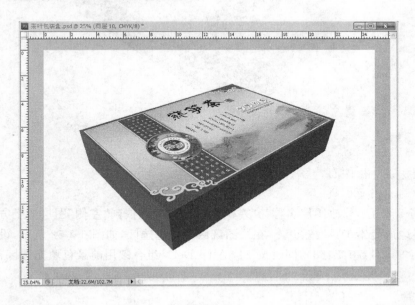

图 6-3-49

3.2　制作茶叶盒侧面图案

　　打开"茶叶盒设计平面展开图备份"文件,将"圆形图案"拖拽复制进来,点击<Ctrl＋T>组合键,执行自由变换命令,按住<Ctrl>键的同时,选择变换框控制点,对图形作变形调整。执行【图像】/【调整】/【色相/饱和度】命令(快捷键:<Ctrl＋U>),对图像进行明度调整,如图 6-3-50 所示,调整完效果如图 6-3-51 所示。

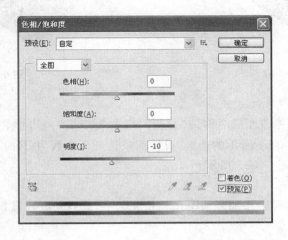

图 6-3-50

图 6-3-51

3.3 制作茶叶盒侧面

3.3.1 制作侧面区域

创建一个新图层,修改图层名称为"左侧内盒",将其拖拽到"左侧"图层的上方。

点击"多边形套索工具"按钮 ,在绘图区域中勾选选区,如图 6-3-52 所示,设置前景色颜色参数为(R:200,G:70,B:58),同时按下<Alt+Del>组合键用前景色填充选区,效果如图 6-3-53 所示。

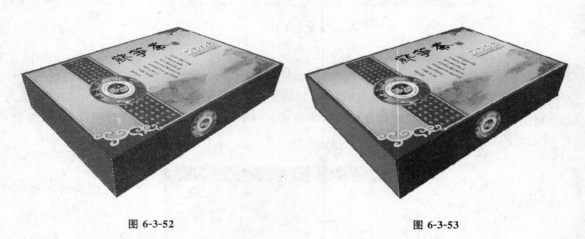

图 6-3-52   图 6-3-53

3.3.2 制作侧面细节

创建一个新图层,修改图层名称为"背侧暗调",再点击"多边形套索工具"按钮 ,在绘图区域中勾选出如图 6-3-54 所示的选区,设置前景色颜色参数为(R:92,G:0,B:0),然后用前景色填充选区,效果如图 6-3-55 所示。

3.4 添加装饰图案

在"茶叶包装盒"文件中添加装饰图片和相关文字,最终完成效果如图 6-3-56 所示。

4. 保存文件

将文件另存为"茶叶包装盒立体效果.jpg"(快捷键:<Shift+Ctrl+S>)。

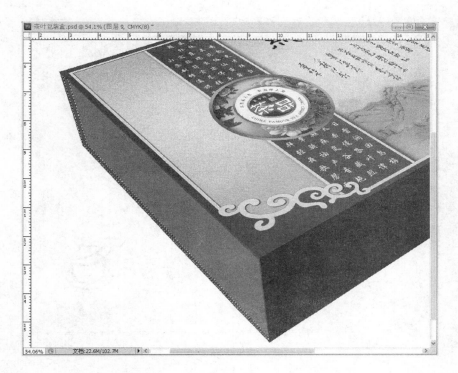

图 6-3-54

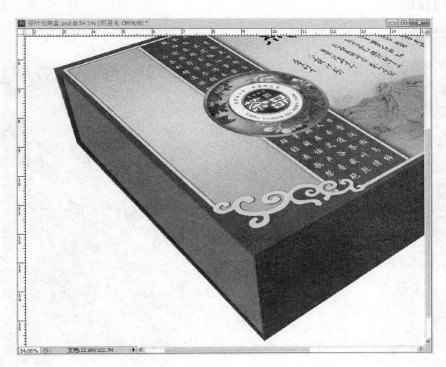

图 6-3-55

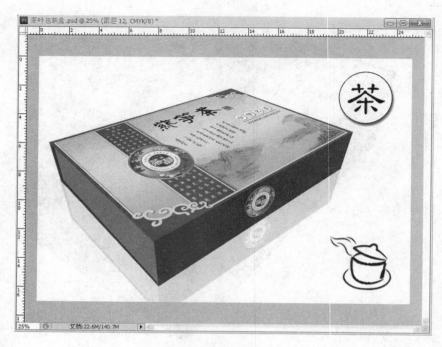

图 6-3-56

★巩固技能训练

制作某品牌的牛奶包装如图 6-3-57 所示。

图 6-3-57

制作步骤提示

①新建文件；

②使用钢笔工具创建牛奶包装轮廓；

③将路径转换为选区并填充盒子正面及侧面颜色；

④制作包装盒中央细节图案；

⑤添加素材文件；

⑥添加背景及文字。

任务4　广告设计与制作

样例：

房地产广告设计

学习领域

• 广告的概念；

• 广告设计的分类；

• 广告设计的特点；

• 广告设计的具象要素；

• 利用 PS 进行广告制作的方法。

工作领域

- *广告的设计;*
- *利用 PS 进行广告的设计与制作。*

行动领域

- *利用 PS 设计并制作广告。*

★任务知识讲解

广告设计是国际化的沟通语言,作为社会活动、商业活动和公益活动的信息传播载体,在世界各地之间传递文化,成为人与人沟通的桥梁。优秀的广告带给人们的冲击和收益是有目共睹的。

1. 广告的概念

广告的英文"Advertise",其含义是引起别人的注意,通知某人做某事,可理解为广而告之,广告设计是告知视觉信息的总称。

2. 广告设计的分类

2.1　商业广告

即是指营利性的广告,亦称经济广告。在商业社会中,人们普遍认为商业广告是能够带来经济价值的载体之一,其重要性犹如企业的宣传队、市场的先锋军。优秀的商业广告能够带动商品(优质)迅速占领市场,实现商品价值,促进经济的迅速发展。

2.2　公益广告

是指为了公益事业而设计的广告。公益事业广告直接关注的是人类面临的各种社会和自然问题。现阶段,环境生态、和谐社会等问题是人们关注的热门话题。

2.3　文化招贴

是为社会中的各类文化现象而设计的招贴,亦称文体招贴。文化招贴作品中所反映的各类信息通过视觉载体传达给人们,形成精神上的感受,成为一种文化现象,完成文明的传承与发展。

3. 广告设计的特点

3.1　视觉冲击力强

视觉冲击力强的广告设计,更能吸引观者的注意力,有助于它的信息传达。在设计广告作品时要强化图形、文字和色彩要素,抓住主要视觉形象,彰显主体要素特征,强化色彩关系。

3.2　时效性与快速认知

广告传达的是一定时间范围内的信息,具有时效性,因此,好的广告设计必须在短时间内让观者快速识别、解读,以给人们留下深刻印象,达到有限时间内信息传达的目的。

3.3 创意准确

广告中所含的信息,必须准确反映主题,巧妙精到的创意会令人产生视觉震荡,惊骇不已,久久难忘。

3.4 艺术美感

广告中传达的信息可根据其主题充分发挥创意的艺术想象力,尽情施展艺术表现手段,挖掘形式的艺术美感。

3.5 原创个性与多样化表现

广告的原创个性,陌生化的原创视觉语言会给人耳目一新的感觉,增加人们的注意力和好奇心。

4. 广告设计的具象要素

广告设计具象要素——固有视觉要素(硬要素)就是人类视觉经验可以辨识的具体的、原始的形象与形态,广告设计中的具象要素指画面中出现的传达基本信息的视觉语言。

4.1 广告的插图设计要素

广告中的设计插图语言多样化,无论绘画语言、摄影语言还是图形语言或是由其间产生的不同肌理语言等,均能够根据不同的主题展开创意定位、描绘主题思想内涵、构成画面、深入表现、传递信息。

4.2 广告的色彩设计要素

色彩是图形或文字的衣服,能够渲染广告画面的氛围,增强信息传达的力度。人们对色彩的感知非常敏感,对不同的色彩产生不同的视觉感受,单一、多种色彩的使用产生不同的视觉对比效果,作为广告设计用色,应该具有强烈的视觉冲击力,要处理好其中明度、纯度、色相以及由此引发的冷暖、面积等色彩关系。

4.3 广告的文字设计要素

并不是所有情况下信息的传达都要用到广告中的文字要素,但是文字传达的信息准确性是最高的,它可以确保读者在解读繁杂信息时,准确达到解读的目标,完成信息的传递。文字要素包含了文字字体设计、文字字形、大小或印刷字体的组合编排等。

本次任务,我们要利用 Photoshop CS5 软件学习商业广告的设计与制作,通过广告设计的具象要素来呈现设计给商家带来的商业价值。依靠图形、文字、色彩三大要素互相配合来展现广告的中心思想。

★任务操作　设计制作房地产广告

1. 制作广告背景图片

1.1 新建文件

启动 Photoshop CS5,新建一个名为"房地产广告"的文件,参数设计如图 6-4-1 所示(宽度:29.7 厘米,高度:42 厘米,分辨率:300 像素)。

1.2　制作广告图片底纹

1.2.1　合并素材图片

同时打开"广告底纹.psd"（图 6-4-2）、"山水画 1.psd"（图 6-4-3）和"山水画 2.psd"（图 6-4-4）文件（文件在配套光盘/应用篇/项目六/素材文件夹中）。

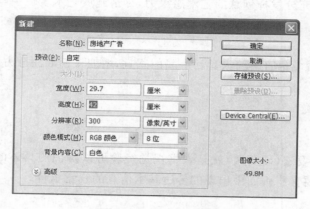

图 6-4-1　新建对话框

图 6-4-2

点击工具栏上的移动工具（快捷键：<V>），分别将"底纹"、"山水 1"、"山水 2"拖拽复制到新建的"房地产广告"文件中，缩放图片并调整图片位置。

图 6-4-3

图 6-4-4

1.2.2　不透明度调整

选择"山水画 1"为当前图层，调整不透明度为"51%"，其他图层不调整。调整图片位置和不透明度后的效果如图 6-4-5 所示。

1.3　制作近处主体假山

1.3.1　合并素材图片

打开"假山.psd"文件（图 6-4-6）（文件在配套光盘/应用篇/项目六/素材文件夹中）。点击工具栏上的移动工具按钮（快捷键：<V>），将假山图片移动到"房地产广告"文件中，修改图层名称为"假山 1"。

1.3.2　假山瀑布细部处理

点击工具栏上的减淡工具按钮（快捷键：<O>），设置画笔直径为 101，硬度为 100。在假山图片中的瀑布区域上涂抹，将水的颜色减淡，形成水流增多的效果。效果如图 6-4-7 所示。

图 6-4-5

点击工具栏上的仿制图章工具按钮 📩 (快捷键：<S>)，按住 Alt 键同时在水面上单击鼠标左键，选取要复制的水面区域，再在水面左侧空白处涂抹，将水面制作完整，如图 6-4-8 所示。

图 6-4-6

图 6-4-7

1.3.3 假山的羽化处理

点击工具栏上的矩形选框工具按钮 ▫ (快捷键：<M>)，框选水面的下半部分后按<Del>快捷键将其删除，如图 6-4-8 所示。

点击工具栏上的钢笔工具按钮 ✐ (快捷键：<P>)，在状态栏中选择"路径"模式 ▨，在图片上点击鼠标左键，建立如图 6-4-9 所示的路径，单击鼠标右键，在出现的菜单中选择"建立选区"，设置羽化半径为"2"。

图 6-4-8

图 6-4-9

1.3.4　图片的去色处理

执行【图像】/【调整】/【去色】命令，去掉"假山 1"的颜色信息，从而出现水墨画的效果。

执行择【图像】/【调整】/【色彩平衡】命令，在出现的【色彩平衡】对话框中设置色阶值为：
－25,－15,－31,如图 6-4-10 所示。

同时按下＜Ctrl＋D＞键取消选区。处理后的效果如图 6-4-11 所示。

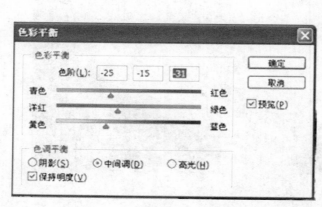

图 6-4-10   图 6-4-11

1.3.5　图片边缘细节处理

点击工具栏上的模糊工具按钮 ◌.(快捷键:＜R＞),在假山的边缘进行涂抹,使边缘处更模糊,这样,主体假山与后面背景就融合为一体了。

1.4　制作远处配景假山

1.4.1　合并素材文件

再次打开"假山.psd"素材文件,将其拖拽复制到"房地产广告"文件中。修改图层名称为"假山 2"。将"假山 2"图层拖拽到"假山 1"图层的下方。

执行【图像】/【编辑】/【自由变换】命令(快捷键:＜Ctrl＋T＞),将"假山 2"缩放至合适大小后,单击鼠标右键,在出现的菜单中选择"水平翻转"项,移动到如图 6-4-12 所示位置。

1.4.2　远处配景假山的色彩处理

执行【图像】/【调整】/【去色】命令,去掉"假山 2"的颜色信息。

执行【图像】/【调整】/【曲线】命令,在出现的【曲线】对话框中做如图 6-4-13 所示的调整,让图像的黑白对比更强烈些。

执行【图像】/【调整】/【色彩平衡】命令,在出现的【色彩平衡】对话框中设置色阶值为：
－18,－34,－20,如图 6-4-14 所示。处理后的图像就添加了一些水墨画的颜色,更利于融合到整体广告效果中。处理后的效果如图 6-4-15 所示。

1.4.3　远处配景假山的细节处理

点击工具栏上的橡皮工具 ◢(快捷键:E),不透明度调节为 56％,在"假山 2"的边缘轻轻涂抹,修改其形状,使其有别于"假山 1"。

在图层命令面板中设置"假山 2"的不透明度为 28％。效果如图 6-4-16 所示。

图 6-4-12

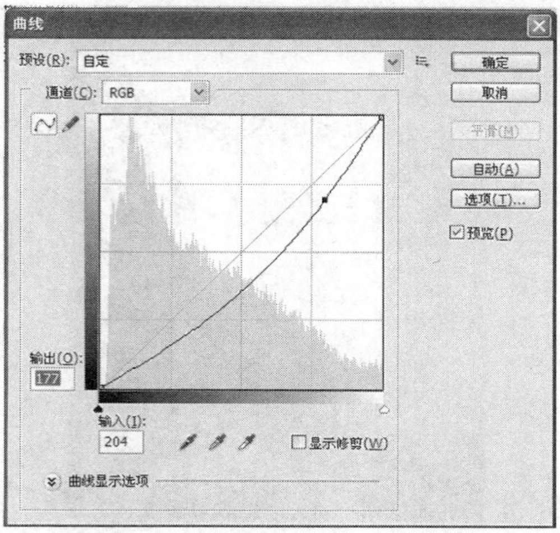

图 6-4-13

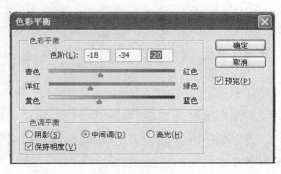

图 6-4-14

图 6-4-15

2. 添加标志

打开"标志. psd"文件(文件在配套光盘/应用篇/项目六/素材文件夹中)。点击工具栏上的移动工具按钮（快捷键:＜V＞),将文件中的"标志"移动到"房地产广告"文件中,并放于适当位置,修改图层名称为"标志",如图 6-4-17 所示。

3. 添加广告中的文字

3.1 添加主题文字

点击工具箱中的字体工具按钮 T (快捷键:＜T＞),设置文字大小为 150 点,文字颜色参数为(R:82 G:14 B:3),文字样式为"书法体",输入文字"傲",使用移动工具 将"傲"字移动到合适位置。用同样的方法分别输入"世"、"山"和"雄"3 个字,文字样式为宋体,其中"世"和"山"的文字大小为 100 点,"雄"文字大小为 90 点。

图 6-4-16   图 6-4-17

3.2　添加竖排文字

点击工具箱中的直排文字工具按钮(快捷键：<T>)用同样的方法在标志下面输入"房产的名字"、"小区介绍"等文字。每段文字应单独建立图层，并使用移动工具调整文字的位置，如图 6-4-18 所示。

3.3　添加详细信息文字

用同样地方法在整体广告画面的下方输入小区地址、垂询热线、联系人等详细信息。

4. 添加地图

打开"地图.psd"文件，如图 6-4-19 所示(文件在配套光盘/应用篇/项目六/素材文件夹中)。使用移动工具 ，将其移动到"房地产广告"文件中，并放于适当位置，修改图层名称为"地图"。至此，房地产广告设计全部完成，最终效果如图 6-4-20 所示。

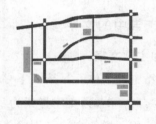

图 6-4-18   图 6-4-19

★巩固技能训练

制作某房地产广告设计如图 6-4-21 所示。

图 6-4-20

图 6-4-21

制作步骤提示：

①新建文档；

②将底纹图片打开并移动到新建文档中；

③打开名为"亭"的素材文件，移动到文档中，使用自由变换工具缩放到合适大小并移动到适当位置；

④打开"水"素材文件，移动到画面的下方。该图层要设在"亭"图层上；

⑤利用修复画笔工具，修整水面的效果使它向远方伸展，渐渐消失；

⑥打开"荷叶"素材，复制移动到画面的右下角；

⑦打开"远亭"素材，复制移动到画面中，使用"添加图层蒙版"工具使其很好的与底纹融合在一起；

⑧打开"远山"素材，移动到画面中；该图层应放在"亭"图层下方；

⑨分别将"地图"和"标志"移动到画面中；

⑩最后使用文字工具输入广告语文字。

任务5   封面设计与制作

样例：

学习领域

- 封面设计的构成元素；
- 封面设计的文字内容；
- 封面的设计构思与方法；
- 图形与文字编排的基本形式；
- 利用 PS 进行封面制作的方法。

工作领域

- 书籍封面的设计；
- 利用 PS 进行封面的设计与制作。

行动领域

- 设计制作书籍封面。

★任务知识讲解

封面设计是书籍装帧设计艺术的门面，它是通过艺术形象设计的形式来反映书籍的内容。在当今琳琅满目的书海中，书籍的封面起了一个无声推销员的作用，在一定程度上直接影响着人们的购买欲。书籍封面设计要有效而恰当地反映书籍的内容、特色和作者的意图，还要考虑大多数人的审美习惯，并体现不同的民族风格和时代特征。

1. 书籍封面设计的构成元素

书籍封面设计由书名、构图和色彩关系等诸多元素构成。书名在书籍封面设计中的作用最重要，应作为第一个元素来考虑。用色和构图，都应服从书名。

2. 书籍封面设计的文字内容

书籍封面设计的文字内容主要包括书名（包括从书名、副书名），作者名和出版社名。

书籍封面文字的阅读与正文有很大不同，它是一个既短暂而又复杂的阅读过程。

3. 书籍封面设计的构思与方法

（1）想象　想象是构思的基点，想象以造型的知觉为中心，能产生明确的有意味的形象。

（2）舍弃　构思的过程往往"叠加容易，舍弃难"，构思时往往想得很多，堆砌得很多，对多余的细节爱不忍弃，但是为了突出主题，一定要当机立断，舍弃不能充分表达主题的内容。

（3）象征　象征性的手法是艺术表现最得力的语言，用具象来表达抽象的概念或意境，也可用抽象的形象来意喻表达具体的事物。

（4）探索创新　流行的形式、常用的手法、俗套的语言要尽可能避开不用；熟悉的构思方法，常见的构图，习惯性的技巧，都是创新构思表现的大敌。

4. 书籍封面设计中图形与文字编排的基本形式

版式设计中，图形与文字之间的布局形式主要有以下几种。

（1）上下分割　平面设计中较为常见的形式，是将版面分成上下两个部分，其中一部分配置图片，另一部分配置文案，如图 6-5-1 所示。

（2）左右分割　左右布局易产生崇高肃穆之感。由于视觉上的原因，图片宜配置在左侧，右侧配置小图片或文案，如果两侧明暗上对比强烈，效果会更加明显，如图 6-5-2 所示。

图 6-5-1

图 6-5-2

（3）线形编排　线形编排的特征是多个编排元素在空间被安排为一个线状的序列。线不一定是直的，可以扭转或弯曲，元素通过距离和大小的重复互相联系。这种版式会将人的视线引向中心点，这种构图具有极强的动感，如图 6-5-3 所示。

（4）重复编排　重复编排的三种形式：a. 大小的重复：外形不变，大小比例发生变化，构成重复。b. 方向的重复：外形不变，在一个平面上形的方向发生变化，构成重复。c. 网格单元的重复：网格单元相等，位于单元内的形由不同的编排元素组成，构成重复。如图 6-5-4 所示。

图 6-5-3

图 6-5-4

（5）以中心为重点的编排　中心编排是稳定、集中、平衡的编排。作为中心的主要形通常成为一个吸引人的形状，人的视线往往会集中在中心部位，需重点突出的图片或标题字配置在中心，起到强调的作用，如图 6-5-5 所示。

（6）散点式编排　版式采用多种图形、字体，使画面富于活力、充满情趣。散点组合编排时，应注意图片的大小、主次的配置，还要考虑疏密、均衡、视觉引导线等，尽量做到散而不乱，如图 6-5-6 所示。

图 6-5-5

图 6-5-6

★任务操作

1. 制作书籍封面背景图片

1.1　新建文件

启动 Photoshop CS5,新建一个名为"书籍装帧封面设计"的文件,参数设计如图 6-5-7 所示(宽度:40 厘米,高度:26.6 厘米,分辨率:300 像素)。

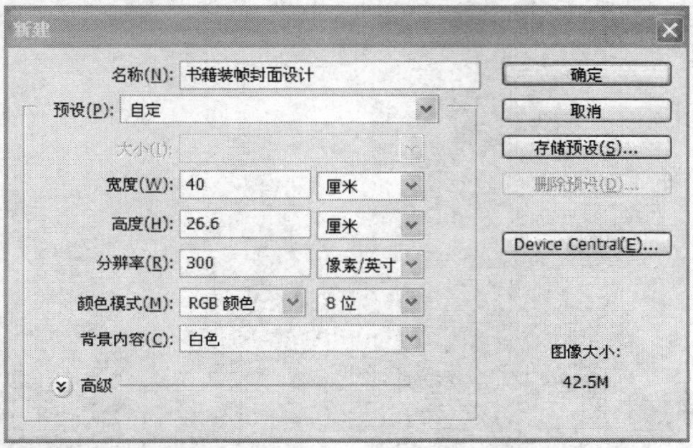

图 6-5-7

1.2　划分封面、封底、书脊的区域位置

点击工具箱中的移动工具按钮 ♣(快捷键:<V>),拉出书籍封面(前封)、封底(后封)、书脊的区域分割参考线,具体做法是:上下左右各留 3 毫米的"出血",封底宽 187 mm,书脊宽 20 mm,封面(前封)宽 187 mm,效果如图 6-5-8 所示。

图 6-5-8

　　1.3　制作封面底纹

　　打开"右底纹.jpg"和"左底纹 2.jpg"文件（文件在配套光盘/应用篇/项目六/素材文件夹中），点击工具箱中的移动工具按钮▶⊕（快捷键：<V>），将"右底纹"和"左底纹"依次拖拽到新建的"书籍装帧"文件中，放于如图 6-5-9 所示的位置。

图 6-5-9

2. 封面图片设计

　　封面的设计效果必须与书名相符，给人视觉上的统一。

　　2.1　金字塔背景图片处理

　　2.1.1　合并素材图片

　　打开素材文件夹中"封面上.jpg"文件，点击工具箱中的移动工具按钮▶⊕（快捷键：<V>），将该图片移动到"书籍装帧"文件中，修改图层名称为"封面上"。

　　执行【图像】/【编辑】/【自由变换】命令（快捷键：<Ctrl＋T>），按住<Shift>键的同时，拖动变形框角点，将"封面上"图片缩放到合适大小后移动到如图 6-5-10 所示位置。

　　2.1.2　制作图片的剪影效果

　　点击工具箱中的磁性套索工具按钮（快捷键：<L>），沿着金字塔边缘移动鼠标，快速准确地选择金字塔部分，设置前景色为黑色（R：0，G：0，B：0），同时按下<Alt＋Del>键，用前景色填充选择区域，填充后的效果如图 6-5-11 所示。

　　2.1.3　制作图片的羽化效果

　　选择"封面上"图层为当前工作图层，单击图层工作面板下方的"添加图层蒙版"按钮▣，为图层添加蒙版效果。再点击渐变工具按钮▤（快捷键：<G>），在打开的【渐变编辑器】对话框中，点击预设按钮◪，建立"由黑色到白色"的渐变方式，如图 6-5-12 所示。

　　按住<Shift>键的同时由封面的最上端向下拉线性渐变，最后效果如图 6-5-13 所示。

图 6-5-10

图 6-5-11

图 6-5-12

图 6-5-13

2.2　狮身人面像主体图片处理

2.2.1　合并素材图片

打开素材文件夹中的"狮身人面像面.jpg"文件,点击工具箱中的磁性套索工具按钮 ♫(快捷键:<L>),沿着狮身人面像边缘移动鼠标,快速准确地选择狮身人面像部分,点击工具箱中的移动工具按钮 ♣(快捷键:<V>),将选中的图片区域移动到"书籍装帧"文件中,修改图层名称为"狮身人面像"。

执行【图像】/【编辑】/【自由变换】命令(快捷键:<Ctrl+T>),按住<Shift>键的同时,拖动变形框角点,将"狮身人面像"图片缩放到合适大小后移动到合适位置。

2.2.2　制作图片的羽化效果

选择"狮身人面像"图层为当前工作图层,用同样地方法为该图层制作一个黑白渐变的图层蒙版效果。效果如图 6-5-14 所示。

图 6-5-14

2.2.3　制作图片的外发光效果

新建一个名为"狮身发光"的图层(快捷键：<Ctrl+Shift+N>)。

设置前景色参数为：(R：252、G：223、B：140)，点击工具箱中的画笔工具按钮 ✎ (快捷键：<B>)，在工具属性箱中设置画笔大小：190，硬度：0，模式：正常，不透明度：57％，流量：55％。

沿着"狮身人面像"的边缘画线，为"狮身人面像"创建发光效果，增加图像的神秘感。

将"狮身发光"图层拖拽到"狮身人面像"图层下。效果如图 6-5-15 所示。

图 6-5-15

3. 封底图片设计

3.1　制作封底图片效果

3.1.1　合并素材图片

打开素材文件夹中的"封底图.jpg"文件，点击工具箱中的移动工具按钮 ⊹ (快捷键：<V>)，将图片移动到"书籍装帧"文件中，修改图层名称为"封底图"。

执行【图像】/【编辑】/【自由变换】命令(快捷键：<Ctrl+T>)，按住<Shift>键的同时，拖动变形框角点，将"封底图"图片缩放到合适大小后移动到合适位置。如图 6-5-16 所示。

3.1.2　制作封底图片的模糊效果

执行【滤镜】/【模糊】/【动感模糊】命令，设置【动感模糊】角度为 90，大小为 200，参数设置如图 6-5-17 所示。设置该图层的不透明度为 50％，效果如图 6-5-18 所示。

为"封底图"图层创建一个副本，选择"封底图副本"图层为当前图层，执行【滤镜】/【模糊】/【径向模糊】命令，参数设置如图 6-5-19 所示。将该图层的混合模式改为"叠加"，不透明度改为 46％。结果如图 6-5-20 所示。

3.2　添加封底下方条码

打开素材文件夹中的"条码.jpg"文件，点击工具箱中的移动工具按钮 ⊹ (快捷键：<V>)，将该图片移动到"书籍装帧"文件中，修改图层名称为"条码"。

图 6-5-16

图 6-5-17

图 6-5-18

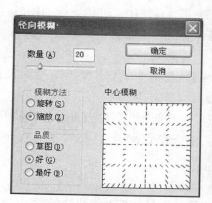

图 6-5-19

图 6-5-20

使用自由变换命令将"条码"图片缩放移动到合适位置。如图 6-5-21 所示。

图 6-5-21

4. 添加文字效果

4.1　添加封面文字

4.1.1　输入书名文字

点击工具箱中的横排文字工具 T（快捷键:＜T＞）,在工具属性栏中设置文字样式为黑体,文字大小为 60 点,输入文字"古埃及探秘"。其中"古埃及"三个字文字颜色设为红色（R:185、G:31、B:31）,"探秘"两个字设为灰色（R:164、G:160、B:160）。效果如图 6-5-22 所示。

图 6-5-22

4.1.2　制作图书简介文字界线

新建一个名为"封面灰色 1"的图层,点击工具栏箱中矩形选框工具按钮 ▭（快捷键:＜M＞）,在"封面灰色 1"图层中建立一个矩形选区,设置前景色的参数为（R:218　G:215　B:215）,用前景色填充选区。使用移动工具将其放置到"古"字右下方适当位置。

按住＜Alt＞键,移动复制一个"封面灰色 1"图层副本,使用移动工具将其放置到"秘"字左下方适当位置。

确定"封面灰色1副本"图层为当前图层，按住＜Ctrl＞键的同时单击该图层，则出现小矩形选区，设置前景色为白色（R：255、G：255、B：255），按下＜Alt＋Del＞键，用前景色填充选区，再按下＜Ctrl＋D＞键取消选区。效果如图 6-5-23 所示。

图 6-5-23

4.1.3 输入图书简介文字

设置文字样式为"黑体"，文字大小为"8"，文字颜色为灰色（R：164　G：160　B：160）。输入相应书籍简介文字。

4.1.4 输入作者名字

设置文字样式为"黑体"，文字大小为"10"，文字颜色为黑色（R：0　G：0　B：0）。输入编著者姓名。

4.1.5 输入出版社名字

设置文字样式为"黑体"，文字大小为"12"，文字颜色为黑色（R：0　G：0　B：0），输入相应出版社名称。如图 6-5-24 所示。

4.2 输入书脊文字

4.2.1 输入书脊中的书名文字

点击工具箱中的竖排字体工具T，设置文字样式为"黑体"，文字大小为"30"，输入文字"古埃及探秘"，设置"古埃及"三个字的颜色为红色（R：185　G：31　B：31），"探秘"二个子的颜色为灰色（R：164　G：160　B：160）。

双击"古埃及探秘"图层，在弹出的【图层样式】对话框中挑选"外发光"选项。为文字添加"外发光"效果。

4.2.2 输入书脊中出版社及作者文字

使用竖排字体工具在书脊中输入编著作者和出版社名称。效果如图 6-5-25 所示。

4.3 输入封底文字

用同样的方法在封底图片上输入相应文字。最终效果如图 6-5-26 所示。

★ 巩固技能训练

制作《宇宙探索》书籍的封面设计如图 6-5-27 所示。

制作步骤提示：

①新建文件"宇宙探索"；

图 6-5-24　　　　　　　　　　　图 6-5-25

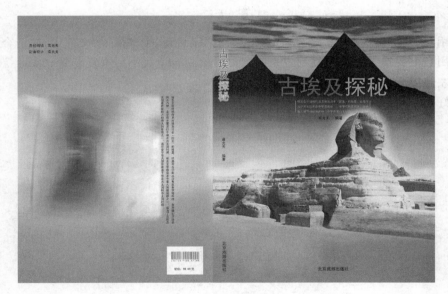

图 6-5-26

②将"fm-素材 1. psd"图片文件移动到"宇宙探索"文件中；

③新建一个图层，在该图层上做封底渐变；

④运用文字工具输入"宇宙探索"后，做外发光和描边效果；

⑤将"fm-素材 2. psd"图片文件移动到"宇宙探索"文件中，使用自由变换工具缩放到合适大小再移动到合适位置；

⑥利用移动工具将"fm-素材 3. psd" 图片文件移动到"宇宙探索"文件中，放于合适位置后做图层的"滤色"处理；

下册预告
宇宙探索之银河卷

丛书介绍
宇宙探索之地球卷
宇宙探索之银河卷
宇宙探索之黑洞卷
宇宙探索之时空卷
宇宙探索之恒星卷
宇宙探索之慧星卷

精品书架
宇宙探索之地球篇

宇宙探索系列丛书之三

Universe Discover
宇宙探索
|地球卷|

宇宙工业出版社

宇宙工业出版社

ISBN 7-939487-4-21
9 787944 323546

ISBN 7-939487-4-21
定价: 25元 (附赠1CD)

图 6-5-27

⑦使用移动工具将"fm-素材 4. psd"图片文件移动到"宇宙探索"文件中,放于合适位置;

⑧使用自由变换工具将刚复制进来的素材缩放到合适大小后重复复制 5 次;

⑨将左数第三个素材图像颜色变浅;

⑩做好书脊与封底。

参 考 文 献

[1] 常会宁.园林计算机辅助设计.北京:高等教育出版社,2010.

[2] 袁媛,等.Photoshop CS5 案例课堂.北京:北京希望电子出版社,2011.

[3] 刑黎峰.园林计算机辅助设计教程.北京:机械工业出版社,2004.

[4] 孙启善,胡爱玉.Photoshop CS5 效果图后期处理完全剖析.北京:兵器工业出版社,2012.

[5] 海天.Photoshop CS6 中文版实战从入门到精通.北京:人民邮电出版社,2012.

[6] 水晶石数字教育学院.水晶石技法.北京:人民邮电出版社,2008.

[7] 罗亮.Photoshop CS3 平面设计实例精讲.北京:人民邮电出版社,2008.

[8] 主动进化工作室.Photoshop CS 完全自学手册.北京:北京希望电子出版社,2004.

[9] 智丰工作室.Photoshop CS4 入门与提高.北京:科学出版社,2007.

[10] 孟凯宁.Photoshop CS 高手境界.北京:清华大学出版社,2003.